Couvertures supérieure et inférieure
en couleur

Bibliothèque Littéraire de Vulgarisation Scientifique

LES LIVRES D'OR DE LA SCIENCE

SCIENCES APPLIQUÉES

L. AUBERT

# LA PHOTOGRAPHIE DE L'INVISIBLE

## Les RAYONS X

PETITE ENCYCLOPÉDIE POPULAIRE ILLUSTRÉE.

PARIS
LIBRAIRIE C. REINWALD
SCHLEICHER FRÈRES, ÉDITEURS
15, RUE DES SAINTS PÈRES, 15

1 franc

N° 3

# PARAITRONT SUCCESSIVEMENT

## EN VENTE

## PRIX DE SOUSCRIPTION AUX 12 PREMIERS VOLUMES

Paris : **20 fr.** — Départements et Étranger **22 fr.** *franco*

Les souscriptions doivent être accompagnées d'un mandat-poste

# La Photographie de l'Invisible

## Les Rayons X

Nous remercions MM. Seguy et Brunel qui ont bien voul
mettre à notre disposition quelques clichés et épreuv
photographiques de l'Institut Radiographique de Franc
ainsi que MM. Ducretet et Lejeune qui nous ont perm
de reproduire un certain nombre de leurs clichés.

LES ÉDITEURS.

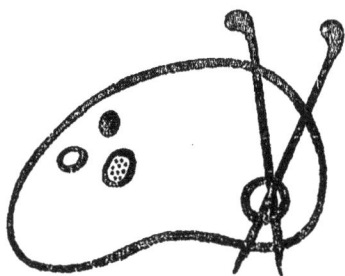

Original en couleur

NF Z 43-120-8

Ombre sur l'écran fluorescent d'une grenouille fixée par des épingles sur une plaque de liège.

LES LIVRES D'OR DE LA SCIENCE

# La Photographie de l'Invisible

## LES RAYONS X

### SUIVI D'UN GLOSSAIRE

PAR

## L. AUBERT

*Avec 22 Figures dans le texte*
*et quatre Planches en couleur hors texte*

PARIS

LIBRAIRIE C. REINWALD

SCHLEICHER FRÈRES, ÉDITEURS

15, RUE DES SAINTS-PÈRES, 15

1898

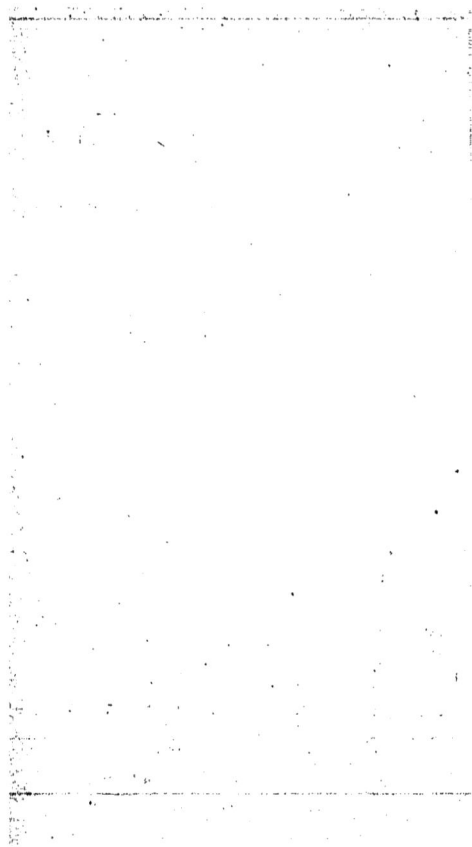

# INTRODUCTION

Histoire anecdotique d'une découverte. — Savant et inventeur. — M. Rœntgen et M. Edison.

C'est par hasard que M. Rœntgen découvrit les rayons Rœntgen, mais « c'est là un hasard, dit M. Poincaré, comme chacun de nous en rencontre peut-être de temps en temps, sans même s'en douter, et dont les plus clairvoyants savent seuls tirer parti ».

Un tube de Crookes enfermé dans une boîte de carton noir fonctionnait pour une expérience que dirigeait M. Rœntgen dans son laboratoire.

Tout en travaillant et en poursuivant l'idée qui le tracassait alors, M. Rœntgen observa dans une étagère éloignée qu'un morceau de platinocyanure de baryum, comme il s'en trouve dans toutes les salles de physique, s'illuminait spontanément et que cette phosphorescence disparaissait et apparaissait suivant qu'on arrêtait ou actionnait les décharges électriques dans le tube de Crookes : Rœntgen avait découvert les rayons X. Immédiatement il pensa, avec sa lucidité de savant habi-

tué à discerner les différentes explications d'un
même phénomène, que les rayons, dits *cathodiques* et bien connus des tubes de Crookes, devaient
traverser les corps opaques pour influencer le
platinocyanure de baryum.

Voici la part du hasard : elle est faible. Tous
ceux qui travaillent dans les laboratoires peuvent
avoir été frappés à la légère du même phénomène
important. Il y a seulement deux ans la phosphorescence et la fluorescence occupaient deux ou
trois pages des traités de physique. Ce chapitre, où
l'on se contentait d'énumérer quelques corps
jouissant de la curieuse propriété de rester illuminés après avoir été touchés par des rayons solaires, embarrassait quelques pages d'optique : on
ne savait où le mettre ; on ne tentait même pas
d'en expliquer l'importance. Aujourd'hui tous les
physiciens du monde s'acharnent à expérimenter
les rayons X, car cette découverte révolutionne
simplement l'optique et ouvre largement le champ
des hypothèses et des recherches.

Regarder est un acte si propre à l'intelligence,
même la plus humble, que l'on ne pense pas à estimer beaucoup plus ceux qui *savent* regarder.
Beaucoup regardent, mais bien peu voient. Et
parce qu'on connaît la genèse et l'origine d'une
découverte, elle n'en est pas pour cela diminuée.

Edison, d'après l'*Electricien*, aurait formulé
sur la découverte de Rœntgen un avis qui est
peut-être trop vrai pour être exact.

« Le professeur Rœntgen, dit-il, ne tirera probablement pas un dollar de sa découverte. Il est du nombre de ces purs savants qui étudient, pour l'amour de l'art et le plaisir de s'instruire, les mystères de la nature.

« Lorsqu'ils ont produit quelque chose de prodigieux, il survient un homme tel que moi qui prend les choses au point de vue commercial et leur donne une direction pratique. Il en sera ainsi de la découverte de Rœntgen ; elle est des plus remarquables : mais il s'agit de voir comment on peut l'utiliser et lui donner une place et une valeur commerciale. »

D'autre part, une communication du *Sun* et du *Western-Electrician* de Chicago tendrait à faire accepter la véracité de cette première interview. « Ce que je voudrais savoir, aurait dit M. Edison, c'est quel profit pratique je peux tirer de cette découverte. Voilà ce qui m'intéresse. Le professeur Rœntgen a ouvert de nouveaux horizons au monde scientifique, et cette découverte a sans aucun doute une grande importance, mais je ne crois pas qu'il en tire un avantage pécuniaire. On a prétendu qu'elle était le fait du hasard : je ne le pense pas, et je lui fais crédit pour mener à bien ce qu'il a en mains par de sérieuses études et de solides expériences. »

Qu'Edison ait ou non prononcé ces paroles, elles sont pleinement justifiées par la conduite de M. Rœntgen qui, hors le point de vue scientifique, se désintéresse absolument de sa découverte et du bruit que lui et elle peuvent légitimement faire dans le monde.

M. Conrad-Wilhem Rœntgen, qui est aujourd'hui âgé de cinquante-trois ans et est originaire de la province de Dusseldorf (Prusse), est docteur ès sciences de la faculté de Zurich depuis 1869 et actuellement professeur de physique à l'université de Wurtzbourg (Bavière). Son passé scientifique le garantit assez de toute compromission à l'égard de la presse et de la réclame. La découverte était assez étonnante pour stupéfier le public : le merveilleux, c'est qu'elle révolutionne parallèlement les savants.

M. François Coppée, qui, dans un article récent, attribuait la palme des découvertes du siècle au cinématographe, heureux perfectionnement d'une méthode scientifique utilisée depuis longtemps par le professeur Marey qui l'a imaginée de toutes pièces, serait sans doute tenté de penser que rien n'égale cette dernière découverte. Son intérêt dépasse le merveilleux, et son utilité n'est rien à côté des perturbations qu'elle apportera sans doute dans la conception que nous avons des ondulations lumineuses et des ondulations électriques.

C'est de ce côté vraisemblablement, qu'avec tous les plus grands physiciens du monde, M. Rœntgen dirige son attention. Je ne voudrais pas rabaisser le mérite de M. Edison à qui nous

devons quelques perfectionnements ingénieux
qui ont mis à la portée de tous de magnifiques
trouvailles restées jusque-là dans le domaine de

Fig. 1. — Le Dr Rœntgen.

la science pure. Mais on a pris un peu trop l'habitude, dans le public, de le considérer comme le
savant par excellence. C'est un inventeur, ce qui
n'est pas tout à fait la même chose. Il perfec-
tionne, il utilise, il emploie admirablement sa

merveilleuse ingéniosité, mais il n'a pas la sublime intuition rationnelle qui guide les savants dans des spéculations pures. Son cerveau est conduit par l'habileté de ses doigts.

M. Rœntgen est un savant heureux. Il a conquis tout vivant la gloire. J'en sais d'autres qui énoncèrent dans un coin de revue des idées ou des expériences dont profitent les chercheurs et les passionnés, qui doivent amener un jour des trouvailles sensationnelles, et qui n'ont pas le centième des rubans dont on honorera M. Rœntgen. N'importe! leurs esprits se valent et fraternisent en idées par delà les rumeurs enthousiastes des foules.

# LA
# PHOTOGRAPHIE DE L'INVISIBLE
## LES RAYONS X

---

## LA LUMIÈRE

Ses sources. — Sa composition. — Rayons lumineux, calorifiques, actiniques. — Relativité de la transparence. —
Les mouvements vibratoires. — Matière et mouvement.
— L'éther et la lumière. — Propagation et longueur
d'onde. — Lumière et électricité. — Rayons électro-magnétiques. — Radiations X : leur place. — Phosphorescence
et fluorescence.

La *lumière* ne se définit pas, non plus que la
chaleur, l'électricité, la force, etc... C'est une
cause qui, agissant sur notre œil, nous donne une
sensation d'un ordre spécial.

Elle est produite par l'incandescence des corps;
c'est à ce phénomène que doit être rapportée
l'émission lumineuse du soleil et des étoiles.

La lumière qui nous éclaire nous vient du soleil, et c'est parce que les rayons lumineux frappent les corps, qu'ils nous deviennent visibles. Un
rayon de soleil filtrant dans une pièce sombre, en
été, serait complètement invisible, si l'air était
pur de toute poussière. Les particules atomiques

des corps, qui voltigent dans l'atmosphère, réfléchissent les rayons.

La lumière qui frappe notre œil est de la lumière réfléchie.

Les corps se comportent diversement à l'égard
des rayons lumineux : l'air, l'eau, le verre qui les
laissent passer, sont des corps *transparents*; le
bois, les métaux qui les interceptent, sont des
corps *opaques*.

La lumière solaire paraît homogène et blanche:
cependant, si nous laissons tomber un rayon de
soleil à travers un petit trou pratiqué dans le volet
d'une fenêtre, en recueillant le rayon sur un
prisme, nous verrons que le faisceau lumineux
est non seulement dévié de sa direction primitive
par réfraction, mais encore qu'il s'étale et se décompose.

Le faisceau lumineux est composé d'une multi-
tude de rayons de nature et de propriétés différentes, qui, interceptés par un écran, constituent
le « spectre ». C'est une bande lumineuse d'arc-
en-ciel où se succèdent le rouge, l'orangé, le
jaune, le vert, le bleu, l'indigo et le violet. Ainsi
un rayon lumineux est le mélange de toutes ces
couleurs vives. Pour nous en assurer, il nous
suffit de peindre ces couleurs sur un disque dans
la proportion de leur étendue spectrale. En faisant tourner ce disque, nous aurons la sensation
de la lumière blanche. C'est l'expérience de Newton sur la recomposition de la lumière. Mais le
spectre ne s'arrête pas aux couleurs qui frappent
notre œil. La propriété lumineuse est la caractéristique de ces radiations visibles. Mais, à droite

et à gauche de cette gamme chromatique, s'étend un spectre *invisible*. Au delà du rouge, on a trouvé des rayons invisibles, qui ne se manifestent que par leurs propriétés *calorifiques*, agissant sur le thermomètre. Ce sont les Rayons *infra-rouges*, les moins déviés par le prisme. Au delà du violet, on a trouvé des rayons également invisibles, agissant sur la plaque photographique, et ne semblant pas doués de propriétés lumineuses ni calorifiques. Ce sont les *Rayons actiniques*, les *Rayons ultra-violets*, les plus déviés par le prisme.

Dès lors, ce que l'on entend par *lumière* devient de moins en moins intelligible. En réalité, à mesure qu'une science s'enrichit, à mesure que les hommes analysent leurs sensations par la raison et l'expérience, à mesure qu'ils en dépassent la portée, et qu'ils réunissent tous leurs moyens d'acquisition pour corroborer les résultats qui sont au delà de l'apparence, il est de toute utilité de ne plus employer les mots caractérisant les sensations en elles-mêmes.

L'idéalisme grec disait : « Une chandelle brûle dans une chambre; elle éclaire cette chambre tant que vous vous y trouvez. Sortez et fermez la porte : vos yeux absents, il n'y a plus de lumière encore que la chandelle se consume toujours. Il n'y a pas de lumière sans œil. »

Ce vieil argument est bien profond. Étant donné un mode vibratoire de l'éther qui se traduit par un ensemble de phénomènes calorifiques et chimiques, nous choisissons ceux qui nous frappent le plus directement : la lumière. Et cepen-

dant, la lumière est pour ce mode vibratoire une
des propriétés les moins directes, puisque, selon
toute vraisemblance, elle suppose des modifications chimiques ou calorifiques.

Notre œil, parce qu'il voit la lumière, ne possède pas une propriété plus importante que le
mercure qui se dilate.

Quoi qu'il en soit, l'homme, centre de l'univers,
rapporte tout à soi-même. Mais la science doit
l'affranchir de cet égoïsme. Ce que nous enten-
dons par *lumière* n'est qu'une forme très res-
treinte d'un phénomène complexe de la nature.

Il faut s'habituer à la relativité des conceptions,
à l'élasticité des mots qui les dirigent souvent.

Qu'appelle-t-on l'invisible ? Ce n'est pas ce qui
ne peut être vu, mais ce que *nous* ne pouvons voir
avec nos yeux.

Certains animaux voient dans l'obscurité et sont
aveuglés par la clarté. D'autres ne distinguent
plus rien dans le crépuscule, dès que le soleil est
couché.

La plaque photographique est sensible aux
rayons ultra-violets, invisibles pour notre œil. Les
rayons infra-rouges ne se révèlent à nous que par
leur action calorifique sur un thermomètre sensible.

Ainsi chaque radiation se manifeste par un
mode différent de l'énergie. La chaleur, la lumière, les effets chimiques sont d'égale valeur.
Les rayons de Rœntgen ont fait en outre prendre
en considération le degré de transparence des
corps.

C'est un fait d'observation commune, qu'un

orps ne présente pas la même transparence aux diverses radiations. Un verre rouge laisse passer les rayons rouges et arrête toutes les autres radiations lumineuses : c'est justement pour cela qu'il est rouge.

Un verre parfaitement incolore, c'est-à-dire qui est traversé par toutes les radiations lumineuses, arrête cependant les rayons infra-rouges, calorifiques et ultra-violets chimiques.

« Au contraire, l'argent, qui est opaque pour les rayons visibles, est assez transparent pour certaines lumières ultra-violettes ; de sorte qu'on a pu photographier des objets contenus dans une boîte de verre argenté où ils étaient absolument cachés pour notre œil. C'était déjà là la photographie de l'invisible. » (Poincaré.)

Ainsi donc, si la propriété caractéristique des rayons X est leur action différente sur la transparence des corps, ce phénomène était déjà connu pour d'autres radiations. Il était cependant bien moins puissant.

Jusqu'ici nous n'avons parlé que des EFFETS *lumineux, chimiques, calorifiques, transparents*. Quelle est donc la cause intime, initiale, de ces phénomènes si divers ?

La conception qui explique le mieux cette variété phénoménale, l'hypothèse qui les réduit à une même cause, consiste à supposer l'univers en un état de vibrations complexes caractérisées par leur rapidité, leur fréquence, leur orientation et la nature des milieux qui les transmettent.

Cette conception est ancienne. Locke disait déjà en 1670 : « La chaleur est une vive agitation des particules d'un corps qui produit en nous la sensation qui nous fait dire qu'un objet est chaud; c'est-à-dire que, pour nous, la sensation est chaleur, mais, dans l'objet, elle n'est que mouvement. »

C'est aux *mouvements* de la matière que se ramènent en dernière analyse toutes les manifestations qui nous affectent.

Les molécules des corps sont animées de mouvements vibratoires caractérisés par leur forme, leur amplitude, leur nombre par seconde.

Les molécules sont reliées entre elles par l'éther comme par un lien élastique qui transmet ondulatoirement le mouvement de l'une à l'autre.

Ce milieu, nécessaire encore qu'hypothétique, doit posséder une densité très faible, en quelque sorte négligeable. C'est le « milieu transmissif » qui ne varie pas, tout en restant l'intermédiaire des variations.

On le suppose constitué par un résidu de la matière cosmique qui formait la grande nébuleuse originelle d'où sont sortis, par des condensations successives, notre monde et ceux qui gravitent alentour.

Ainsi les molécules des corps seraient des agrégats de matière plus condensés que l'éther.

Ce que nous appelons *lumière* est dû à un mode vibratoire particulier de l'éther.

Le travail mécanique résulte des mouvements qui nous sont visibles : la chaleur, la lumière, l'électricité sont aussi des modes du travail, mais les mouvements qui les produisent, de par leur nature et leur vitesse, nous sont invisibles.

La limite entre les mouvements visibles et in-

visibles pour notre œil est encore très grossière,
et il est facile de comprendre qu'en deçà de nos
premières aperceptions existent des phénomènes
qui ne nous impressionnent pas.

Seule la raison peut les scruter, et quand une
théorie imaginaire se trouve confirmée par une
série d'expériences tangibles, nous pouvons la
considérer comme l'expression très probable de la
réalité.

Un point lumineux n'est autre chose qu'un
centre d'ébranlement. Une molécule vibre et
transmet son mouvement à l'éther, de molécule à
molécule, en rayonnant.

Ces ondes sont analogues à celles qui se propagent autour de l'endroit où une pierre lancée est
venue troubler la tranquillité d'un lac. Mais ce
mouvement a une faible vitesse et s'étend peu
parce que l'eau est très dense. Supposez un milieu
très léger comme l'éther, et la propagation sera
presque indéfinie.

La vitesse de la lumière dans l'*éther*, dans le
milieu qui sépare notre planète des voisines, est
de 300.000 kilomètres par seconde.

La longueur d'onde des mouvements vibratoires
est essentiellement variable. Elle peut arriver à
s'étendre seulement dans des limites de centièmes,
de millièmes de millimètre.

La longueur d'onde des vibrations qui produisent la sensation calorifique est comprise entre
$0^{mm},0027$ et $0^{mm},0004$.

Les vibrations lumineuses oscillent entre
$0^{mm},0008$ et $0^{mm},0002$.

Il est donc possible de supposer, il est même à

2

peu près certain, que certaines vitesses vibratoires ne sont pas perçues par nos sens.

Il y a une quinzaine d'années, l'illustre mathé-
maticien anglais Maxwell, rapprochant les équa-
tions qu'il avait établies sur la propagation de l'é-
lectricité et de la lumière, avait conçu l'hypothèse
que ces deux phénomènes n'étaient que les deux
faces d'une même modalité fondamentale. Il
fallait, pour que ses idées fussent vraies, que la
propagation de l'*induction magnétique* ne fût
pas spontanée comme on le croyait alors, mais se
fît avec une certaine vitesse déterminée, identique
à celle de la lumière, connue depuis le xviiᵉ siècle.

On ne connaît pas encore la vitesse de propagation de l'électricité, de l'induction électrostatique, qui a cependant toute raison d'être admise
*à priori.*

Hertz, guidé par le rêve d'uniformité de Maxwell, détermina la vitesse de l'induction magnétique. Il montrait en même temps l'analogie de la
lumière et de l'électricité, qui se réfléchissent et
se réfractent. Suivant l'étendue, la longueur de la
vibration, elle se traduit sous forme électrique,
calorifique ou lumineuse. Ces rayons de l'induction magnétique étaient dénommés *rayons électro-magnétiques.*

Jusqu'ici, les quatre espèces de rayons connus,
les rayons calorifiques, lumineux, actiniques,
électro-magnétiques, bien que très différents les
uns des autres, présentaient un certain nombre
de caractères communs qui éclaircissaient leur
mode vibratoire; ils se réfléchissaient, se réfrac-
taient, se polarisaient.

Les rayons découverts par Rœntgen, doués de propriétés chimiques, ne se réfléchissent, ne se réfractent ni ne se polarisent.

Avant de pénétrer dans l'étude de ces nouvelles radiations, il nous paraît utile de définir et de caractériser des phénomènes qui, jusqu'ici, avaient peu attiré l'attention, et autour desquels s'agiteront dorénavant les controverses.

Certaines substances, dites *phosphorescentes* ou *fluorescentes*, jouissent de la propriété d'emmagasiner en quelque sorte, dans leur substance même, la lumière dont elles ont été frappées et de l'émettre ensuite dans l'obscurité.

Lorsqu'on a exposé des diamants à l'action de la lumière, ils luisent pendant quelque temps dans l'obscurité. Jusqu'en 1604, ce fut le seul exemple connu de phosphorescence; à cette époque, Vincenzo Calciarolo observa le même phénomène dans la poussière de coquilles calcinées. On l'a signalé depuis dans un grand nombre de corps, entre autres le sucre, la soie, le papier, le succin, le sucre de lait, les dents, la chlorophylle, les métaux alcalins et terreux.

La couleur des rayons émis par un corps phosphorescent dépend jusqu'ici de circonstances insaisissables.

# LES DÉCHARGES ÉLECTRIQUES
## DANS LE VIDE

Histoire anecdotique du tube de Gessler. — Le tube de Gessler. — Le vide de Crookes et de Hittorf. — Les rayons cathodiques et les expériences de Crookes. — Le quatrième état de la matière : théorie du bombardement moléculaire. — Propriétés des rayons cathodiques. — Phénomènes des rayons cathodiques. — Phénomènes fluorescents. — Rayons de Lénard. — Rayons de Wiedemann.

Prenons un tube de verre ou une ampoule de verre mince, ayant la forme d'un œuf aux deux pôles duquel pénètrent deux fils conducteurs terminés chacun par un disque métallique formant électrode.

Si l'on met ces deux fils en communication avec les deux pôles d'une bobine de Ruhmkorff produisant un courant de très haute tension, les phénomènes varient suivant qu'on laisse dans ce tube plus ou moins d'air.

Aux pressions ordinaires de 760 millimètres, 765, le courant ne passe pas : l'air étant mauvais conducteur de l'électricité.

Si le vide est poussé jusqu'à $\frac{1}{1000}$ environ, on a le *tube de Gessler*. Le courant passe, et l'espace compris entre les deux pôles est rempli par une colonne lumineuse d'un rose violacé, souvent stratifiée, présentant un aspect semblable à des couronnes de fumée ou à une vibration régulière. L'électrode négative (*cathode*) est entourée d'une zone obscure.

Si le vide est plus parfait, la colonne lumineuse diminue de longueur et la zone obscure s'accroît.

Si on abaisse la pression jusqu'à $\frac{1}{100.000}$ ou $\frac{1}{1.000.000}$, l'espace obscur remplit presque tout le tube, et on a le tube de Crookes. Mais un nouveau phénomène apparaît : le verre qui compose les parois de l'œuf devient fluorescent, d'une lueur qui lui

Fig. 2. — Tube à potasse caustique.

est propre et n'appartient plus, comme devant, à la décharge électrique directe qui reste obscure.

Enfin, si le vide est poussé plus loin encore, le courant ne passe plus et tous les phénomènes disparaissent.

Nous pouvons donc distinguer trois degrés du vide :

1° Le vide de Gessler ;

2° Le vide de Crookes ;

3° Le vide isolant.

Un dispositif très simple permet de produire à volonté ces différents états du vide.

Un tube de verre est étiré en deux ampoules, l'une courte, l'autre plus longue, et séparées par un étranglement effilé. Dans le premier tube, en *c*, on a mis de la potasse caustique, chauffée légèrement au préalable, de manière qu'elle ne contienne plus que des traces infinitésimales de vapeur d'eau et d'acide carbonique. On fait ensuite le vide dans les deux tubes par les procédés ordinaires : on obtient ainsi le vide isolant.

Si l'on chauffe ensuite la potasse, elle dégagera d'abord une certaine quantité de vapeur d'eau et d'acide carbonique qui modifieront l'état du vide et produiront le vide de Crookes.

Un degré de plus, et nous aurons enfin le vide de Gessler.

C'est seulement au XVIII° siècle que l'on se préoccupa des phénomènes électriques. Si l'on songe aux progrès accomplis en moins de 175 ans, on restera émerveillé de l'activité des hommes. Cet agent que nous produisons aujourd'hui sous des formes variées, par des procédés innombrables, que nous transformons en énergie, en chaleur et en lumière, savez-vous comment on le connaissait, il y a deux siècles?

Deux personnes roulaient et frottaient entre leurs mains une boule de soufre qui, reliée par des fils métalliques à un électroscope, était la source de l'électricité. On tirait des étincelles de corps électrisés par le frottement, et c'est probablement à une appropriation charlatanesque des phénomènes électriques, encore inconnus, qu'était due la mystérieuse influence des Cagliostro et des Mesmer.

« Les gravures du temps, dit M. Cornu, nous retracent quelques-unes de ces séances; on y voit, pimpants et coquets, de jeunes abbés de cour, d'élégants cavaliers, des dames en grande toilette, empressés autour d'appareils aux formes étranges, prendre plaisir à tirer les étincelles de la machine électrique ou à exciter de brillantes aigrettes. L'expérience des aigrettes dans le vide était l'une des plus curieuses par le volume et l'éclat que revêt alors l'effluve lumineux. On les obtenait dans l'*œuf électrique*, globe de verre transparent où deux tiges métalliques terminées en boule laissent jaillir la décharge électrique ; l'étincelle, d'abord en zig-zag comme l'éclair, s'étale peu à peu à mesure qu'on fait le vide. Observée dans l'obscurité, on la voit s'étendre jusqu'à remplir le globe d'une magnifique gerbe rose ou violacée. Telle est l'expérience simple et charmante qui, après avoir fait la joie des dilettanti de la physique, a conduit finalement aux fameux rayons découverts par Rœntgen, mais la route a été fort longue... » (Cornu : Séance annuelle de l'Académie des sciences du 24 décembre 1896.)

En 1843, Abria de Bordeaux étudie à nouveau l'œuf électrique au moyen des courants induits qui viennent d'être découverts.

Le premier, il observe les variations du phénomène en rapport avec les degrés du vide. Jusqu'à une certaine pression, l'étincelle apparaît comme une cassure lumineuse. Dans un air un peu plus raréfié encore, elle disparaît pour faire place à une belle lueur violette qui illumine l'œuf entier, en produisant des stratifications, des disques alternativement sombres et lumineux. Si l'on augmente encore la raréfaction, le phénomène se différencie curieusement suivant les pôles : tandis qu'au pôle positif, une légère aigrette d'étincelles semble attester encore le long éclair primitif, une sorte de gaîne obscure entoure le pôle négatif.

En 1852, Grave et Quet étudièrent la stratification de la lumière, pensant bien qu'elle est liée à un mode vibratoire inconnu. Ils virent que les effets lumineux varient encore en raison de la section du tube ; dans les parties où le verre forme une véritable ampoule, la lumière est pâle ; elle est au contraire très intense dans les tubes étroits et capillaires. De plus les stries transversales de la lumière sont concaves comme des miroirs, et leur concavité est tournée vers le pôle positif.

Tout le monde connaît le tube de Gessler : on en fait des jouets pour les enfants qui amusent aussi les grandes personnes.

On donne à ces tubes la forme et la longueur qui plaît. Certains sont disposés en couronnes et peuvent figurer les tiares les plus chatoyantes. D'autres sont disposés sur un moteur léger qui les fait tourner avec une vitesse suffisante pour que, les sensations visuelles se confondant, ils donnent un feu semblable à un soleil étrange, tout rempli de scintillements et de vapeurs variées.

C'est qu'en effet on peut illuminer le tube de Gessler avec des couleurs différentes, selon qu'on raréfie à son intérieur tel ou tel gaz, telle ou telle vapeur, selon aussi la nature du verre qui compose leurs parois.

Le gaz hydrogène raréfié donne une coloration rouge, tandis que le chlore produit une lueur verte.

Des matières fluorescentes, comme le sulfate de

quinine ou le verre d'urane, donnent une teinte verte bleuâtre.

Il est à signaler un phénomène curieux de véritable électrolyse sur les gaz composés que l'on raréfie dans les tubes de Gessler.

On sait qu'un courant électrique, passant au travers d'un liquide tenant en dissolution un sel ou un acide, a pour propriété de décomposer le corps dissous en ses éléments simples. Ce métal se porte au pôle négatif, tandis que le métalloïde se porte au pôle positif. C'est sur ce principe qu'est basée la galvanoplastie. On décompose par la pile un sel de nickel ou un sel de cuivre, et le nickel ou le cuivre vont se déposer à la surface de l'objet conducteur que l'on place au pôle négatif.

Lorsqu'on met dans un tube de Gessler de l'acide chlorhydrique par exemple, dont une molécule est formée d'un atome d'hydrogène et d'un atome de chlore (HCl), les premières décharges électriques éclairent le tube en gris verdâtre. Mais bientôt, la décomposition de l'acide chlorhydrique en ses deux éléments ne tarde pas à se produire, et l'on voit le pôle positif se colorer en vert, tandis que le pôle négatif prend une teinte rouge. Le chlore, métalloïde, s'est donc porté au pôle positif, tandis que l'hydrogène, métal, s'est concentré au pôle négatif. L'intensité de ces deux colorations s'accroît proportionnellement à la décomposition ; puis les deux gaz diffusent l'un dans l'autre, et la coloration la plus puissante l'emporte : le tube se colore uniformément en rouge.

Pour obtenir un tube qui reste diversement coloré, il suffit de le composer de plusieurs ampoules séparées par des étranglements. Dans chacune on raréfie un gaz différent qui donne sa coloration particulière.

Enfin, quelques propriétés physiques restent encore inexpliquées.

Une décharge brusque et unique ne produit pas de stratifications et produit une lumière intense : le tube devient luminiscent.

Cette même décharge, ralentie par l'interposition dans le circuit d'un corps mauvais conducteur qui augmente la résistance (une corde mouillée par exemple), donne naissance à une lumière obscure et stratifiée.

« Maintenant, dit M. Cornu dans le discours dont nous avons parlé, les expériences ne sont plus, comme au siècle dernier, de simples récréations pour le plaisir des yeux : Warrer de la Rue, Spokiswode, Fernel, Sarasin, Muller, Gordon, C. de la Rive, Hittorf et Crookes espèrent y découvrir le mécanisme de la décharge, c'est-à-dire résoudre le grand problème de l'électricité. Mais, sous ce rapport, l'espoir fut déçu, et toute recherche dans cette voie risquait d'être abandonnée, lorsque M. Crookes, membre de la Société Royale de Londres, guidé par des vues théoriques sur l'état de la matière dans les gaz raréfiés, chercha ce que deviendrait la décharge électrique en poussant la raréfaction à l'extrême.

« Il observa donc une série de phénomènes nouveaux : à mesure que le vide augmente, la gaîne obscure de la cathode grandit, chassant devant elle les stratifications qui s'évanouissent l'une après l'autre ; lorsqu'enfin la gaîne obscure remplit tout l'espace, le verre de l'ampoule devient fluorescent, surtout à l'opposé de la cathode. »

Crookes a obtenu, pour ses expériences, des vides atteignant un vingt-millionième d'atmosphère, ce qui réduirait à un quart de millimètre la hauteur barométrique, en supposant qu'elle atteigne 4.800 mètres de haut (on sait que la pression normale est de 760 millimètres).

C'est en étudiant le vide isolant de Hittorf que Crookes fut amené à découvrir les propriétés de la décharge dans un vide intermédiaire au vide parfait et à la raréfaction de Gessler.

Hittorf avait observé en 1865 la résistance opposée par le vide absolu au passage du courant électrique. Cette résistance est telle que, les deux électrodes étant très rapprochées à l'intérieur du tube, l'étincelle jaillit de préférence entre deux conducteurs, placés à l'air libre à une distance bien plus considérable.

En établissant donc un vide moins parfait, Crookes observa, ainsi que nous le disions tout à à l'heure, que la décharge passait et que le verre de l'ampoule devenait fluorescent et s'échauffait juste en face de l'électrode négative. Comme à cette place même se trouvait l'électrode positive, Crookes, pour faire varier l'expérience, la déplaça et fut étonné de voir la fluorescence du verre persister au même endroit. Ainsi donc, la décharge était indépendante de la position occupée par l'anode. Ayant construit un tube muni de trois anodes dont aucune n'était opposée à la cathode, il vit le phénomène se maintenir dans les mêmes conditions. Le vide était porté à un millionième d'atmosphère.

Si, dans le même tube, on fait un vide de quelques millimètres de mercure, on réalise le vide de Gessler, et le courant se traduit par trois gerbes lumineuses qui, partant de la cathode, vont, en divergeant, rejoindre chacune des trois anodes.

Les premiers rayons, qui se propagent en ligne droite, ont été dénommés, à cause de leur rapport direct avec la cathode, les *rayons cathodiques*. Nous allons étudier ces rayons très méticuleusement en suivant les ingénieuses expériences qui permirent à Crookes d'établir sa théorie du *bombardement moléculaire*. Ce sont les ampoules imaginées par Crookes pour l'étude des rayons cathodiques, qui sont utilisées actuellement pour la production des rayons de Rœntgen.

Pour démontrer la propagation rectiligne des rayons cathodiques, Crookes imagina de les arrêter dans leur route par un obstacle artificiel.

Ce tube, construit en forme de poire, contient une croix en aluminium montée sur charnière que l'on peut abattre ou dresser en inclinant le tube; le plan de cette croix est perpendiculaire à la direction supposée des rayons cathodiques.

Le passage du courant détermine une projection en droite ligne des rayons qui viennent frapper la croix et sont ainsi interceptés. En effet le fond de l'ampoule est occupé par une ombre cruciale, tandis que le reste est fluorescent.

Il est donc évident que les rayons cathodiques perdent de leur énergie en frappant une surface interposée. Mais comment démontrer la réalité de cette énergie? Comment faire produire à ces rayons une action mécanique? Si ardue que paraisse la solution de ce problème, elle est cependant fort simple. Crookes interposa sur le trajet des rayons cathodiques un petit moulinet d'aluminium. Cette véritable roue de moulin est frappée par les rayons et tourne dans le sens où la ferait mouvoir un courant d'eau naissant au pôle négatif.

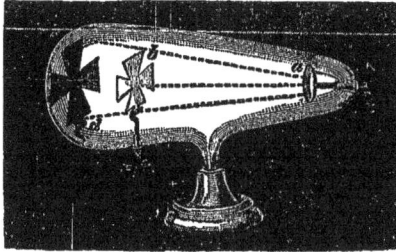

Fig. 3. — Tube de Crookes à croix.

Une modification de cette expérience met encore en évidence l'énergie des rayons cathodiques. Une plaque mince est par un seul point fixée obliquement dans le tube, de manière à en obturer complètement la lumière. Dès que le courant est établi, la force des rayons l'applique contre la paroi de verre, mais les alternances de ce courant déterminent une véritable vibration de cette plaque, dont les chocs sur la paroi de verre produisent un son argentin.

Nous voici en présence d'une des théories les

plus amusantes de la science. Elle est loin d'être
admise, encore qu'elle ait eu autrefois des défen-
seurs dont l'autorité prévaut : Lord Kelvin et
Tesla entre autres, mais elle fut fortement battue
en brèche par Goldstein, Wiedeman, Hertz, Lénard, etc... qui établirent, pour la démontrer, des
expériences d'ailleurs peu probantes. Mais le
coup de grâce semble lui avoir été donné par la
découverte de Rœntgen. Reste cependant à enten-
dre l'interprétation qu'en donnera M. Crookes.

Devant les propriétés si nouvelles du résidu gazeux après un vide tombant à la limite de l'absolu, M. Crookes pensa qu'il fallait imaginer un
quatrième état de la matière qu'il dénomma l'*état
radiant*.

Mais, avant d'aborder cette étude, il est peut-
être bon d'envisager d'une manière générale les
états sous lesquels la matière se présente le plus
ordinairement à nos sens et à notre expérimen-
tation. Nous sommes entourés de corps à l'état
solide, à l'état liquide et à l'état gazeux. Le plomb
est solide, l'eau est liquide, l'air est gazeux. Mais
on ne doit pas déduire de là que le plomb est un
corps solide, l'eau un liquide, l'air un gaz; il faut
ajouter : *dans les conditions de température et de
pression où nous vivons.*

De tous ces corps, le plus commun, l'eau, est celui qui se présente le plus facilement sous les trois
états. A 0°, l'eau se transforme en glace, solide; à
100°, elle se transforme en vapeur. Mais si nous
augmentons la pression de l'air dans un ballon
contenant de l'eau et que nous exposions ce ballon au feu, nous verrons que l'eau commencera à

bouillir, non plus à 100°, mais à 110°, 115° ou 120°, selon la pression exercée.

Il suffit d'exposer le plomb à une chaleur assez faible, pour le voir entrer en fusion, c'est-à-dire passer à l'état liquide.

Au contraire, des corps gazeux dans notre équilibre thermique se solidifient lorsqu'on abaisse considérablement la température et qu'on les soumet à des pressions fort élevées. M. Cailletet qui s'est appliqué à solidifier les gaz au moyen d'ingénieux appareils, délicatement construits pour une grosse tâche, a réussi à obtenir de l'hydrogène liquide, de l'acide carbonique, etc... Enfin deux chimistes anglais ont récemment liquéfié l'air, et M. Moissan, le créateur des rubis et des diamants vrais quoique artificiels, a pu produire du fluor liquide. Ce dernier résultat est parmi les plus merveilleux: il exige un abaissement de température qu'on ne semblait pas pouvoir atteindre.

La solidification est passagère. Si on ouvre à l'air libre un fort récipient contenant à une haute pression de l'acide carbonique ou de l'hydrogène liquides, l'évaporation d'une partie de la masse est si rapide qu'elle produit immédiatement un froid suffisant pour congeler le restant. On a alors une grenaille métallique qui se résout bientôt à l'air.

Donc, *à priori*, on doit penser que tous les corps de la nature, qu'ils se présentent à nous sous la forme solide, sous la forme liquide, ou sous la forme gazeuse, sont susceptibles de passer successivement par ces trois états, pourvu que l'on fasse varier la pression et la température.

Si les corps organisés, les animaux et les plantes, ont pu suivre la progression de l'abaissement thermique et s'y accommoder, il n'en est pas de même des corps inertes, de la matière.

Quand la nébuleuse du monde formait une seule masse non différenciée, la chaleur était telle que tous les corps étaient maintenus à l'état gazeux. Quand cette nébuleuse se désagrégea en une infinité de mondes (étoiles et Terre), à la manière d'une goutte d'huile qui éclate en gouttelettes, la plupart des corps passèrent à l'état de fusion, à l'état liquide.

Le refroidissement de chaque globe amena la solidification de nombreux corps, jusqu'à ce qu'enfin l'eau elle-même se congelât dans quelques parties de notre planète. Fort peu de corps persistèrent à l'état gazeux, ils entrent dans la composition de l'air que nous respirons ; ce sont : l'oxygène, l'azote, l'acide carbonique, l'argon. D'autres peuvent être produits par des réactions chimiques, mais n'existent qu'en des proportions qu'il est impossible de déceler. Tels métaux, qui n'entrent en fusion qu'à de hautes températures, existent à l'état liquide dans les planètes qui gravitent dans le système solaire.

De ces différentes conditions, nous en devons retenir une : plus la température s'élève, plus les corps ont de tendance à passer de l'état solide à l'état liquide, de l'état liquide à l'état gazeux. Chacun de ces changements est en rapport avec leur cohésion moléculaire.

Il est évident que, dans un solide, les molécules sont plus cohérentes que dans un liquide qui lui-même présente beaucoup plus d'unité qu'un gaz dont toutes les molécules se repoussent les unes les autres, puisqu'elles tendent à occuper la totalité de l'espace qui leur est offert.

C'est un fait de constatation commune, que la chaleur dilate les corps et, avec plus de force, les gaz et les vapeurs. Cette dilatation ne peut se faire qu'en détruisant, à un degré plus ou moins considérable, l'affinité des molécules les unes pour les autres.

A un certain état de dilatation, tel corps est devenu gazeux, et ses molécules semblent avoir transformé la chaleur en une manière d'énergie électrique. (On sait que des molécules électrisées contrairement se repoussent.)

Comment peuvent s'expliquer ces écarts dans l'état actuel des corps à la surface de notre globe? C'est là, parmi les problèmes de la genèse, un des plus obscurs. Cependant, sans établir de principe bien fixe, on peut établir *à priori* que ce dynamisme, cette énergie différente, est lié au poids des molécules, à l'agencement des atomes qui les composent.

Nous avons dit que, dans la pensée de Crookes, il existait un quatrième état de la matière : l'état radiant. « Les différences, dit-il, qui existent entre le troisième et ce quatrième état paraissent au moins aussi grandes que celles existant entre le deuxième et le troisième, et sont certainement plus grandes que celles que l'on observe entre les deux premiers. »

Dans un corps à l'état gazeux, les molécules sont encore si nombreuses qu'elles sont serrées les unes contre les autres au point qu'elles ne peuvent se mouvoir sans déplacer leurs voisines. Mais de ce choc, elles éprouvent une résistance qui les fait revenir à leur point de départ, et l'équilibre primitif se rétablit. Ainsi peut-on expliquer les vibrations du son et de la lumière.

Si au contraire, par un vide poussé extrêmement loin, on a retiré la majorité de ces molécules, l'espace qui les contient restant le même, leurs mouvements sont beaucoup plus libres, et chacune peut parcourir des espaces considérables sans en rencontrer aucune autre.

Voici d'ailleurs l'extrait d'une lettre de M. Crookes à sir G.-G. Stokes, secrétaire de la Société Royale de Londres. Il est toujours utile de citer les savants dont le langage clair peut être compris de tous.

« Considérons une molécule isolée dans l'espace. Est-elle solide, liquide ou gazeuse? Solide, elle ne peut pas l'être, parce que l'idée de solidité entraîne certaines propriétés qui n'existent pas dans la molécule isolée. En réalité, une molécule seule est une entité inconcevable, soit que nous essayions, comme Newton, de nous la représenter comme un corpuscule sphérique dur, soit que nous la considérions, avec Boscoinch et Faraday, comme un centre de force, soit enfin que nous adoptions l'atome-tourbillon de sir William Thomson (lord Kelvin). Mais, si la molécule individuelle n'est pas solide, *a fortiori* elle ne peut pas être considérée comme liquide ou gazeuse, car ces deux états résultent des chocs intermoléculaires plus encore que l'état solide. La molécule individuelle doit, par conséquent, être classée pour son propre compte dans une catégorie spéciale.

« Le même raisonnement s'applique à un nombre quelconque de molécules contiguës, pourvu que leur mouvement soit dirigé de sorte qu'il ne se produise aucune collision.

« Un souffle moléculaire peut toujours être envisagé comme le résultat du mouvement des molécules isolées, de la même manière que la décharge d'une mitrailleuse consiste en projectiles séparés.

« La matière, dans son quatrième état, est le résultat ultime de l'expansion des gaz : en raison de l'extrême raréfaction, la trajectoire libre des molécules est allongée au point que les chocs deviennent négligeables en comparaison du parcours total, et la plupart des molécules peuvent alors suivre leur propre mouvement sans être dérangées; si le chemin moyen est comparable aux dimensions du vase, les propriétés qui constituent l'état gazeux sont réduites à un minimum, et la matière atteint l'état ultra-gazeux.

« Mais le même état de choses peut être obtenu, si, par un moyen quelconque, nous isolons une quantité limitée de gaz, et si, par une force extérieure, nous introduisons de l'ordre dans les mouvements apparemment désordonnés des molécules dans toutes les directions. »

A la pression d'un millionième d'atmosphère obtenue par Crookes, la distance que chaque molécule peut parcourir sans être déviée, ou arrêtée par une collision, est 3.000 fois plus longue que

celle obtenue dans un gaz à la pression de
3.000 millionièmes d'atmosphère qui est la pression ordinaire des tubes de Gessler.

Les tubes de Crookes étant relativement petits,
il est aisé de comprendre que chaque direction
sera remplie par la trajectoire d'une seule molécule. Une molécule, progressant devant elle, ne
rencontrera pas d'obstacles, et sera mue en droite
ligne. L'expérience de la croix et celle du moulli-
net démontrent assez nettement cette propagation.

Voici donc, d'après Crookes, comment s'orien-
teraient les molécules, lors du passage d'un courant électrique.

Les molécules sont d'abord attirées par l'électrode négative et, à son contact, se chargent d'électricité négative. Deux corps électrisés de même
nom se repoussent : elles sont donc repoussées par
l'électrode négative en droite ligne, et, si le tube
avait une longueur suffisante, elles ne rencontre-
raient d'autres molécules que fort loin de leur
point de départ. Elles viennent donc frapper les
obstacles qui s'offrent à elles, et par conséquent
la paroi du verre qui est perpendiculaire à la direction de la cathode.

« Elles bombardent la paroi » et leur énergie
de vitesse se transforme immédiatement en énergie calorifique. Lorsque vous tirez à la cible, vous
observez que toutes les balles qui ont atteint la
plaque de fonte se sont écrasées, que le plomb a
fondu : il faut donc que l'énergie de vitesse, brusquement interrompue, ait dégagé toute la chaleur
qu'elle possédait virtuellement. Ce dégagement

de chaleur est tel qu'il peut faire fondre du plomb.

La cathode de l'ampoule de Crookes tire à la cible sur la paroi qui lui est opposée, et chaque molécule, comme une balle, vient dégager à ce niveau sa chaleur d'énergie. Mais ce n'est pas la molécule qui est le plus directement influencée. Le dégagement de chaleur échauffe le verre qui devient luminiscent.

Insistons sur un point de détail : les rayons cathodiques accompagnent la décharge électrique, mais sont parfaitement distincts de cette décharge; tandis qu'elle suit un trajet courbe qui joint la cathode à l'anode, dont la situation sur la paroi, ainsi que nous l'avons vu, peut être quelconque, les rayons cathodiques suivent un chemin tout différent. De même que la fumée se résout dans l'air et ne continue pas à propulser un projectile une fois lancé, de même la molécule utilise la force électrique, mais abandonne le courant qui la produit, dès qu'elle a emmagasiné une énergie plus grande.

Telle est l'explication théorique, captivante, de la luminiscence verdâtre que l'on observe dans les tubes de Crookes utilisés par Rœntgen pour la production des rayons X.

Mais, direz-vous, n'arriverons-nous donc jamais à connaître les rayons Rœntgen? Il faut cependant, pour être assuré de leur personnalité, caractériser celle de leurs voisins ou de leurs parents. Les rayons cathodiques sont d'ailleurs assez curieux pour qu'on les étudie longuement, et trop de savants ont précédé M. Rœntgen pour qu'on

puisse les laisser dans l'ombre sous prétexte que
ce dernier seul a utilisé, pour le grand plaisir du
public, ses investigations scientifiques.

Donc une première propriété acquise, c'est que
les rayons cathodiques ont une direction rectiligne.

Mais M. Crookes ne s'arrêta pas en si bonne
voie pour établir une théorie qui, si belle qu'elle
soit, est toujours inférieure à une expérience.

Il constata que les rayons cathodiques sont in-
fluencés par le champ magnétique. Si j'approche
un aimant d'un tube de Crookes en fonctionnement et dont la paroi opposée à la cathode est
éclairée d'une belle lueur verte, je vois cette lueur
se déplacer et venir éclairer la partie du tube la
plus rapprochée de l'aimant. Si je retourne cet
aimant, la lueur verte est repoussée et éclaire la
paroi directement opposée. Les rayons dans ce
cas suivent donc un trajet courbe.

La fluorescence de la paroi du verre peut varier selon la composition de ce verre : un tube en
verre d'urane donne une teinte vert clair.

Un tube en verre anglais donne une fluorescence
bleue.

Un tube en verre fusible d'Allemagne donne
une fluorescence vert pomme.

Beaucoup de minéraux sont illuminés par les
rayons cathodiques.

Il suffit de mettre ces pierres dans un tube de
Crookes pour les voir devenir magnifiquement
fluorescentes dès le passage du courant.

L'aluminate de glucine produit une fluorescence
bleue.

Le silicate d'alumine et de lithine, jaune d'or,

L'émeraude, cramoisie.

Le rubis, rouge.

Le diamant, vert clair.

Des substances qui ne seraient pas excitées par la lumière brillent soudainement : un simple morceau de craie enfermé dans un tube de Crookes émet une lueur intense. L'éclat des corps qui sont naturellement brillants à la lumière ordinaire (diamants, rubis, etc.) est plus vif dans le tube de Crookes et notamment plus durable.

Mais voici les phénomènes qui, de plus en plus, deviennent palpables. Nous allons pouvoir les modifier, en tirer toute la substance logique qu'ils comportent.

M. Ph. Lénard réussit à faire propager dans l'air normal les rayons cathodiques de Crookes.

Hertz avait reconnu qu'une feuille d'aluminium, métal d'un blanc oxydable que tout le monde connaît, réduite à une mince épaisseur et arrêtant la lumière ordinaire, était cependant traversée par les rayons cathodiques, lorsque, par exemple, ce métal entrait dans la composition de la croix mobile dont nous avons parlé à propos des expériences de Crookes.

Lénard pensa à utiliser cette propriété pour étudier la propagation des rayons cathodiques dans l'air. Il fixa donc à une petite fenêtre faite dans la paroi d'un tube de Crookes, une mince lamelle d'aluminium, et mit l'appareil en fonctionnement.

La présence des rayons cathodiques peut être révélée par la luminiscence qu'ils provoquent sur

certains corps que nous avons signalés. Mais
d'autres encore, plus pratiques, peuvent servir au
même usage : le pétrole qui donne une fluorescence bleue, et un papier de soie enduit d'une
substance chimique, le *pentadécylparatolylcéton*.

En éloignant ou en rapprochant ce papier de
soie dans une direction normale à la surface de
la fenêtre d'aluminium, il put reconnaître que les
rayons cathodiques en provoquaient la luminescence à une distance de plusieurs centimètres.

Les résultats furent confirmés par des plaques
sensibles et des électroscopes chargés qu'il dé-
chargeait plus ou moins, selon qu'il les approchait
de la fenêtre.

Enfin, une expérience curieuse sur la déviation
magnétique des rayons cathodiques l'amena presque à la découverte des rayons X. Comment il s'en
éloigna? c'est ce que nous ne saurions dire. Mais le
fait qu'un homme de la valeur de M. Lénard, ex-
périmentant les rayons mêmes qui nous occupent,
ne les ait pas décelés, indique assez qu'on n'est
pas en droit de négliger M. Rœntgen qui, dans les
mêmes conditions , sut y penser.

Ayant pris sur un écran sensible la trace produite par la fluorescence des rayons cathodiques
qui avaient traversé la plaque d'aluminium, il
observa qu'un point central foncé était nettement
défini et entouré d'un halo plus clair et plus diffus.
Après avoir dévié les rayons cathodiques par un
aimant, il devint certain que le centre de la tache
ne bougeait pas, tandis que le halo se déplaçait.
Or, cette tache centrale était produite par ce que
nous savons être aujourd'hui les rayons X, qui ne

sont pas déviés par le champ magnétique. Si
M. Lénard avait pensé à différencier ces deux
sortes de radiations, il eût découvert les rayons X.

Voici enfin une seconde expérience où les
rayons de Rœntgen se manifestèrent encore, sans
que M. Lénard songeât à eux. Il s'agit là de la
véritable photographie à travers les corps opaques. M. Lénard ne sut pas tirer tout le parti de
ses découvertes, tant il est vrai que les vues
seules de l'esprit ont quelque valeur, et que l'expérience ne peut que les contrôler et les vérifier.

Il disposa dans un châssis d'aluminium une
plaque sensible dont il recouvrit les diverses parties avec différentes substances, dont il étudiait
ainsi la transparence à ce qu'il croyait être les
rayons cathodiques. Le premier quart de la plaque
était libre ; le second recouvert par une plaque
d'aluminium ; le troisième par une lame de quartz
d'un demi-millimètre d'épaisseur, et enfin le quatrième par les deux feuilles d'aluminium et de
quartz superposées.

L'ombre portée par l'aluminium était à peine
tracée, tandis que la lame de quartz avait été traversée par les rayons.

M. Wiedemann différencia les deux sortes de
radiations émises par le tube de Crookes; il aperçut les rayons de Rœntgen dont il nota une des
propriétés, mais non pas la plus importante.

« Mes expériences montrent, dit-il, que les décharges dans les gaz raréfiés donnent naissance *à
une espèce spéciale de rayons sur lesquels je n'ai
pas encore pu constater une action quelconque
de l'aimant.* »

« L'observation des rayons de décharge présente un intérêt général, en ce qu'elle nous montre que, même dans des domaines souvent inexplorés, des formes encore inconnues de l'énergie, en quantité très appréciable, se cachent aussi longtemps qu'on n'a pas trouvé un mode d'observation capable de les déceler. »

Ce mode d'observation, tous les expérimentateurs précités l'avaient pourtant dans les mains: c'est la plaque photographique que M. Rœntgen pensa de suite à utiliser.

# LES RAYONS DE RŒNTGEN

Leurs propriétés ; leurs caractères. — Le mémoire de Rœntgen. — Travaux postérieurs. — Action des rayons X sur
la rétine. — Les sources de rayons X.

On voit jusqu'où avaient été poussées les investigations au moment où M. Rœntgen découvrit
cette propriété particulière à certaines radiations
émises par les décharges électriques dans le vide
de Crookes, de traverser les corps opaques.

Ces rayons X avaient été entrevus, mais non pas
isolés et étudiés en soi. Toute la gloire de leur
découverte en revient à M. Rœntgen.

Ainsi que nous l'avons dit, c'est en expérimen-
tant, dans son laboratoire, un tube de Crookes
enfermé dans une boîte de carton noir, que
M. Rœntgen observa la phosphorescence du platinocyanure de baryum. Il en conclut que des
rayons invisibles traversaient le carton noir pour
aller exciter la luminescence du platinocyanure
de baryum.

Il exposa à ces rayons invisibles une plaque
photographique enfermée dans un châssis, pour
s'assurer de la pénétration de ces rayons.

La plaque développée lui montra, en négatif,
le squelette des doigts qui tenaient le châssis pendant l'expérience.

Un écran au platinocyanure s'illuminait aussi derrière un volume de 1.000 pages, une planche de bois, une plaque d'aluminium de 15 millimètres d'épaisseur, deux jeux de cartes, une lame de platine de 2 millimètres, des feuilles de plomb, de cuivre, d'argent, etc...

La transparence des corps opaques à certaines radiations, obscures pour notre œil et ne devenant sensibles qu'après avoir impressionné des substances phosphorescentes, était ainsi démontrée.

Voici le texte même du mémoire de M. Rœntgen :

« I. La décharge d'une grosse bobine d'induction traverse un tube à vide de Hittorf, ou un tube de Lenard ou de Crookes dont le vide a été poussé très loin. Le tube est entouré d'un écran de papier noir qui s'y adapte exactement ; on peut alors constater, dans une salle où l'obscurité est complète, qu'un papier dont une face est recouverte de platinocyanure de baryum, présente une fluorescence brillante, quand on l'amène au voisinage du tube, quelle que soit la face du papier qui regarde le tube. La fluorescence est encore visible à 2 mètres de distance.

Il est facile de montrer que la cause de la fluorescence réside dans le tube à vide.

II. On voit donc qu'il existe un agent capable de pénétrer une plaque de carton noir, absolument opaque pour les rayons ultra-violets, pour la lumière de l'arc ou celle du soleil. Il est intéressant de rechercher si d'autres corps se laissent pénétrer par le même agent. On montre facilement que tous les corps présentent la même propriété, mais à des degrés très différents. Par exemple, le papier est très transparent; l'écran fluorescent s'illumine quand on le place derrière un livre de mille pages; l'encre d'imprimerie n'offre pas de résistance sensible. De même la fluorescence se manifeste derrière deux jeux de cartes; une carte unique ne diminue pas visiblement l'éclat de la lumière. De même aussi, une seule épaisseur de papier d'étain projette à peine une ombre sur l'écran; il faut en superposer plusieurs pour produire un effet notable. Des blocs de bois épais sont encore transparents. Des planches de pin de 2 ou 3 centimètres d'épaisseur absorbent très peu.

Un morceau d'une feuille d'aluminium de 15 millimètres d'épaisseur laisse encore passer les rayons X (c'est ainsi que j'appellerai ces rayons pour abréger), mais diminue beaucoup la fluorescence. Des plaques de verre de même épaisseur se comportent de la même manière; toutefois le cristal est beaucoup plus opaque que les verres exempts de plomb. L'ébonite est transparente sous une épaisseur de plusieurs centimètres. Si l'on tient la main devant l'écran fluorescent, les os projettent une ombre foncée, et les tissus qui les entourent ne se dessinent que très légèrement.

L'eau et plusieurs liquides sont très transparents. L'hydrogène n'est pas notablement plus perméable que l'air. Des plaques de cuivre, d'argent, de plomb, d'or et de platine, laissent aussi passer les rayons, mais seulement quand le métal est en

lame mince. Une épaisseur de platine de 2 millimètres laisse encore passer quelques rayons;
l'argent et le cuivre sont plus transparents. Le
plomb, sous une épaisseur de 1 mill. 05, est prati-
quement opaque. Une tige de bois carrée, de 2 centimètres de côté, peinte au blanc de plomb sur
une de ses faces, ne projette qu'une ombre légère,
quand on la tourne de façon que les rayons X
soient parallèles à la face peinte, mais l'ombre
est noire quand les rayons doivent traverser cette
face. Les sels métalliques, solides ou en dissolution, se comportent généralement comme les métaux eux-mêmes.

III. Les expériences précédentes amènent à
conclure que la densité des corps est la propriété
dont la variation affecte spécialement leur perméabilité. Au moins aucune autre propriété ne
semble avoir une influence aussi directe. Cependant la densité seule ne détermine pas la transparence; on le prouve en employant comme écran
les lames également épaisses de spath d'Islande,
de verre, d'aluminium et de quartz. Le spath
d'Islande se montre beaucoup plus transparent
que les autres corps, bien qu'il ait approximati-
vement la même densité. Je n'ai pas remarqué
que le spath d'Islande présentât une fluorescence
considérable relativement à celle du verre.

IV. En augmentant l'épaisseur, on augmente la
résistance offerte aux rayons par tous les corps.
On a pris, sur une plaque photographique, une
épreuve de plusieurs feuilles de papier d'étain,
superposées comme les marches d'un escalier et
présentant ainsi une variation d'épaisseur régu-

lière. Cette épreuve sera soumise à des mesures photométriques quand on pourra disposer d'un appareil convenable.

V. Des pièces de platine, de plomb, de zinc et d'aluminium en feuilles ont été préparées de façon à obtenir le même affaiblissement de l'effet. Le tableau ci-joint donne les épaisseurs relatives et les densités de feuilles de métal équivalentes :

|  | Épaisseur. | Épaisseur relative. | Densité. |
|---|---|---|---|
| Platine.......... | 0,018ᵐᵐ | 1 | 21,5 |
| Plomb........... | 0,050 | 3 | 11,3 |
| Zinc.......... .. | 0,100 | 6 | 7,1 |
| Aluminium ...... | 3,500 | 200 | 2,6 |

Il résulte de ces valeurs que la transparence n'est pas donnée par le produit de la densité par l'épaisseur d'un corps. La transparence augmente beaucoup plus rapidement que le produit ne décroît.

VI. La fluorescence du platinocyanure de baryum n'est pas la seule action des rayons X qu'on puisse observer. Il est à remarquer que d'autres corps présentent la fluorescence, parmi lesquels le sulfure de calcium, le verre d'urane, le spath d'Islande, le sel gemme, etc...

Dans cet ordre d'idées, un fait particulièrement intéressant est la sensibilité des plaques photographiques sèches pour les rayons X. On peut ainsi mettre les phénomènes en évidence, en excluant tout danger d'erreur. J'ai confirmé de la sorte beaucoup d'observations faites d'abord en

regardant l'écran fluorescent. C'est ici que la propriété que présente les rayons X de passer à travers le bois ou le carton devient utile. La plaque
photographique peut être exposée à leur action
sans qu'on ait à enlever le volet du châssis, ni
aucune boîte protectrice, de sorte que l'opération
n'a pas besoin d'être conduite dans l'obscurité.
Il est clair que les plaques qui ne sont pas en
expérience ne doivent pas être laissées dans leur
boîte, au voisinage du tube.

Il resterait à savoir si l'impression sur la plaque
est un effet direct des rayons ou un résultat secondaire dû à la fluorescence de la matière de la
plaque. Des pellicules peuvent être impressionnées aussi bien que des plaques sèches ordinaires.

Je n'ai pas réussi à mettre en évidence aucun
effet calorifique des rayons X. On peut cependant
supposer qu'un tel effet existe ; les phénomènes
de fluorescence montrent que les rayons X sont
capables de se transformer. Il est donc certain
que tous les rayons X qui tombent sur un corps
ne le quittent pas dans le même état.

La rétine de l'œil est absolument insensible à
ces radiations, l'œil placé tout près de l'appareil
ne voit rien. Il résulte clairement des expériences
que cela n'est pas dû à un défaut de perméabilité
de la part des milieux de l'œil.

VII. Après mes expériences sur la transparence
d'épaisseurs croissantes de milieux différents,
j'ai cherché à voir si les rayons X pouvaient être
déviés par un prisme. Des expériences faites avec
de l'eau et du sulfure de carbone contenus dans

des prismes de mica de 30°, n'ont fait voir aucune déviation, soit sur la plaque photographique, soit sur l'écran phosphorescent. Comme terme de comparaison, on a fait tomber des rayons de lumière sur des prismes disposés pour l'expérience. Les déviations ont atteint respectivement 10 millimètres et 20 millimètres avec les deux prismes.

Avec des prismes d'ébonite et d'aluminium, on a obtenu, sur la plaque photographique, des nuages qui font soupçonner une déviation. Elle est toutefois incertaine et correspondrait à un indice au plus égal à 1,05.

On n'a pu obtenir aucune déviation avec l'écran fluorescent. Des expériences sur les métaux lourds n'ont jusqu'ici conduit à aucun résultat, à cause de leur transparence et de l'affaiblissement qui en résulte pour les rayons transmis.

La question est assez importante pour qu'il y ait lieu de rechercher par d'autres moyens si les rayons X peuvent se réfracter. Des corps réduits en poudre fine ne permettent, sous une petite épaisseur, que le passage d'une faible partie de la lumière incidente, par suite de la réflexion et de la réfraction. Dans le cas des rayons X au contraire, ces couches de poudre présentent, pour une même masse d'un corps, la même transparence que le solide lui-même. Nous ne pouvons donc conclure à l'existence d'aucune réflexion ni d'aucune réfraction des rayons X. L'expérience a été exécutée sur du sel gemme finement pulvérisé, de l'argent électrolytique en poudre fine et de la poussière de zinc ayant déjà servi plusieurs fois à des opérations chimiques. Dans tous ces cas, les résultats donnés, soit par l'écran fluorescent, soit par la méthode photographique, n'ont indiqué aucune différence de transparence entre la poudre et le solide cohérent.

Il est clair alors qu'on ne peut pas compter sur les lentilles pour concentrer les rayons X; effectivement, les lentilles d'ébonite et de verre de grande dimension se sont montrées également sans action. L'ombre photographique d'une tige ronde est plus foncée au centre qu'au bord; l'image d'un cylindre rempli d'un corps plus transparent que les parois présente plus d'éclat au centre que sur les bords.

VIII. Les expériences précédentes, et d'autres que je passe sous silence, indiquent que les rayons X ne peuvent pas se réfléchir. Il sera néanmoins utile de rapporter avec détails une observation qui, à première vue, semblait conduire à une conclusion opposée.

J'ai exposé aux rayons X une plaque protégée par une feuille de papier noir, de façon que la face libre regardât le tube à vide. La couche sensible était recouverte partiellement de pièces de gélatine, de zinc et d'aluminium, en forme d'étoiles. Le négatif développé montra que la plaque avait été fortement impressionnée devant le platine, le plomb et plus encore devant le zinc; l'aluminium ne donnait pas d'image. Il semble donc que ces trois métaux puissent réfléchir les rayons X; toutefois une autre explication est possible, et j'ai répété l'expérience avec cette seule différence que j'interposais une lame d'aluminium mince entre la couche sensible et les étoiles de métal. Cette plaque d'aluminium est opaque pour les rayons ultra-violets, mais transparente pour les rayons X. Sur l'épreuve, les images apparurent comme précédemment, indiquant encore l'existence d'une réflexion sur les surfaces métalliques.

Si l'on rapproche ce résultat de la transparence des poudres et du fait que l'état de la surface n'exerce aucune action sur le passage des rayons X à travers les corps, on est conduit à conclure que la réflexion régulière n'existe pas, mais que les corps jouent, vis-à-vis des rayons X, le même rôle que les milieux troubles vis-à-vis de la lumière.

Puisqu'on n'observe aucune trace de réfraction à la surface de séparation de deux milieux, il semble probable que les rayons X se meuvent avec la même vitesse à travers toutes les substances, dans un milieu où pénètre tous les corps et qui baigne les molécules de ces corps. Les molécules arrêtent les rayons X avec d'autant plus de force que la densité du corps considéré est plus grande.

IX. Il a semblé possible que la disposition géométrique des molécules modifiât l'action qu'exerce un corps sur les rayons X, de sorte que, par exemple, le spath d'Islande pouvait présenter des phénomènes différents, suivant l'orientation de la lame par rapport à l'axe du cristal. Des expériences faites sur le quartz et le spath d'Islande n'ont donné aucun résultat.

X. On sait que Lénard, dans ses recherches sur les rayons cathodiques, a montré que ce sont des modifications de l'éther et qu'ils traversent tous les corps. Il en est de même pour les rayons X.

Dans son dernier travail, Lénard a déterminé les coefficients d'absorption de divers corps pour les rayons cathodiques, y compris l'air, à la pression atmosphérique, qui donne 4,10 ; 8,40 et 8,10 pour 1 centimètre, suivant le degré de raréfaction du gaz dans le tube à décharges. J'ai opéré à la même pression, et aussi par occasion à des pressions plus fortes et plus faibles, j'ai trouvé, en employant un photomètre de Weber, que l'intensité de lumière fluorescente varie à peu près comme l'inverse du carré de la distance qui sépare l'écran du tube à décharges. Cette loi résulte de trois séries d'observations très concordantes faites à 100 et 200$^{mm}$. L'air absorbe donc les rayons X beaucoup moins que les rayons de cathode. Ce résultat est en accord complet avec le résultat déjà indiqué plus haut, que la fluorescence de l'écran peut s'observer encore à une distance de deux mètres du tube à vide. En général, les autres corps se comportent comme l'air; ils sont plus transparents pour les rayons X que pour les rayons de cathode.

XI. Une nouvelle distinction, et qui doit être notée, résulte de l'action d'un aimant. Je n'ai pas réussi à observer la moindre déviation des rayons X même dans les champs magnétiques très intenses.

La déviation des rayons cathodiques par l'aimant est une de leurs caractéristiques spéciales; Hertz et Lénard ont observé qu'il existe plusieurs espèces de rayons cathodiques, qui diffèrent par leur propriété d'exciter la phosphorescence, la facilité d'absorption et leur degré de déviation par l'aimant; mais on a observé une déviation notable dans tous les cas étudiés, et je pense que cette déviation constitue un caractère qu'on ne peut pas négliger facilement.

XII. Il résulte d'un grand nombre d'essais, que les points du tube à décharge où apparaît la phosphorescence la plus brillante sont le siège principal d'où les rayons X naissent et se propagent dans toutes les directions, c'est-à-dire que les rayons X partent de la région où les rayons de cathode frappent le verre. Que l'on déplace les rayons de cathode dans le tube à l'aide d'un anneau et l'on verra les rayons X partir d'un nouveau, point, c'est-à-dire encore de l'extrémité des rayons de cathode.

Pour cette raison également, les rayons X, qui ne sont pas déviés par un aimant, ne peuvent pas être considérés comme des rayons de cathode qui auraient traversé le verre, car ce passage ne peut pas, d'après Lénard, être la cause de la différence de déviation des rayons. J'en conclus que les rayons X ne sont pas identiques aux rayons de cathode, mais sont produits par les rayons de cathode à la surface du tube.

XIII. Les rayons ne se produisent pas seulement dans le verre. Je les ai obtenus dans un appareil fermé par une lame d'aluminium de deux millimètres d'épaisseur. Je me propose, par la suite, d'étudier le rôle d'autres substances.

XIV. L'appellation de « rayons » donnée au phénomène, se justifie en partie par les silhouettes régulières qu'on obtient en interposant un corps plus ou moins perméable entre la source et une plaque photographique ou un écran fluorescent.

J'ai observé et photographié un grand nombre de ces silhouettes. J'ai aussi le dessin d'une partie de porte peinte au blanc de plomb; j'ai obtenu l'image en plaçant le tube à décharge d'un côté de la porte et la plaque sensible de l'autre. J'ai aussi l'ombre des os de la main, d'un fil entouré autour d'une bobine, d'une série de poids dans une boîte, d'un cadran de boussole, avec l'aiguille, le tout complètement enfermé dans une boîte de métal, d'un morceau de métal dont les rayons X décèlent les défauts d'homogénéité, et de plusieurs autres objets.

Pour la propagation rectiligne des rayons, j'ai une photographie, à la chambre obscure, de l'appareil de décharge, recouvert de papier noir; elle est pâle, mais très nette cependant.

XV. J'ai cherché à produire l'interférence des rayons X, mais sans résultat, peut-être à cause de leur faible intensité.

XVI. Des recherches sur l'action que peuvent exercer des forces électrostatiques sur les rayons X sont en cours, mais non encore achevées.

XVII. On demandera: Quels sont donc ces rayons? Puisque ce ne sont pas des rayons cathodiques, on pourrait supposer, d'après leur faculté de produire la fluorescence et l'action chimique, qu'ils sont dus à la lumière ultra-violette. Un ensemble imposant de preuves est en contradiction avec cette hypothèse. Si les rayons X sont en réalité de la lumière ultra-violette, cette lumière doit posséder les propriétés suivantes:

α) Elle ne se réfracte pas en passant de l'air

dans l'eau, dans le sulfure de carbone, l'aluminium, le sel gemme, le verre ou le zinc.

*b*) Elle ne peut se réfléchir régulièrement à la surface des corps cités.

*c*) Elle n'est polarisée par aucun des milieux polarisants ordinaires.

*d*) L'absorption par les différents corps doit dépendre surtout de leur densité.

Ce qui revient à dire que les rayons ultra-violets doivent se comporter tout autrement que les rayons visibles ou infra-rouges et les rayons ultra-violets déjà connus. Ceci paraît assez invraisemblable pour que j'aie cherché à faire une autre hypothèse.

Il semble y avoir une sorte de relation entre les nouveaux rayons et les rayons lumineux; tout au moins la production d'ombre, de fluorescence et d'actions chimiques semble l'indiquer. Or, on sait depuis longtemps qu'en outre des vibrations qui rendent compte des phénomènes lumineux, il est possible que des vibrations longitudinales se produisent dans l'éther ; certains physiciens pensent même que ces vibrations doivent exister. Toutefois, on doit convenir que leur existence n'a jamais été mise en évidence, et que leurs propriétés n'ont pas été établies expérimentalement. Ces nouveaux rayons ne devraient-ils pas être attribués à des ondes longitudinales de l'éther ?

Je dois avouer qu'à mesure que je poursuivais ces recherches, je me suis accoutumé de plus en plus à cette idée et je me permets de l'énoncer, sans me dissimuler que l'hypothèse demande à être établie plus solidement. »

Dans la *Revue générale des Sciences* du 30 mai 1896, M. Roentgen a complété ses premières recherches par un second mémoire :

« Depuis la publication de mes premiers travaux, que j'ai été forcé d'interrompre pendant plusieurs semaines, j'ai obtenu quelques résultats nouveaux et je puis aujourd'hui faire connaître les suivants :

Au moment de ma première publication, je savais que les rayons X possèdent la propriété de décharger les corps électrisés, et je supposais que c'est aux rayons X et non aux rayons cathodiques, lesquels, dans les expériences de Lénard, traversaient sans modification la fenêtre d'aluminium de son appareil, qu'il faut attribuer l'action sur les corps électrisés qu'a observée ce savant. J'ai attendu, pour publier mes recherches, d'être en état de communiquer des résultats indiscutables.

Ces résultats ne s'obtiennent que quand on effectue les observations dans un espace mis absolument à l'abri non seulement du champ électrostatique émanant du tube à vide, des fils conducteurs de la bobine d'induction, mais aussi de l'air qui vient du voisinage de l'appareil de décharge.

Pour réaliser ces conditions, j'ai fait construire, avec des lames de zinc soudées l'une à l'autre, une chambre de dimension suffisante pour contenir une personne et les appareils nécessaires, fermée hermétiquement, sauf une ouverture close par une porte de zinc. La paroi opposée à la porte est couverte de plomb sur une grande partie de sa surface; à un point voisin du lieu où se trouve, à l'extérieur, la bobine d'induction, la paroi de zinc a été enlevée sur une longueur de quatre centimètres avec la lame de plomb qui la recouvre, et l'ouverture a été refermée hermétiquement par une lame d'aluminium mince.

Les rayons X peuvent pénétrer par cette fenêtre à l'intérieur de la chambre d'observation.

Voici maintenant ce que j'ai constaté :

1° Des corps électrisés, positifs ou négatifs, conservés dans l'air, se déchargent quand on les expose aux rayons X, et cela d'autant plus rapidement que les rayons sont plus intenses. On évaluait l'intensité des rayons d'après leur action sur un écran fluorescent ou sur une plaque photographique.

En général, il est indifférent que les corps électrisés soient isolants ou conducteurs. Jusqu'ici, je n'ai d'ailleurs observé aucune différence spécifique entre les façons dont se comportent les différents corps, au point de vue de la rapidité de la décharge ; le signe de l'électricité ne semble pas avoir d'influence. Toutefois, il n'est pas certain que de petites différences n'existent pas.

2° Quand un conducteur électrisé est plongé non plus dans l'air, mais dans un isolant solide, par exemple la paraffine, l'action des rayons est la même que celle d'une flamme mise à la terre, qui lécherait la couche isolante.

3° Si l'on recouvre la couche isolante d'un conducteur qui l'entoure étroitement et qui soit mis à la terre, les rayons X n'exercent aucune action que j'aie pu déceler avec les moyens dont je disposais, même quand le second conducteur et l'isolant sont pris sous des épaisseurs assez faibles pour être transparents aux rayons X.

4° Les observations rapportées ci-dessus en 1,
2, 3, prouvent que l'air qui a été exposé aux
rayons Roentgen a acquis la propriété de décharger les corps avec lesquels il vient en contact.

5° S'il en est bien ainsi, et si, en outre, l'air
conserve encore cette propriété quelque temps
après son exposition aux rayons X, il doit être
possible de décharger les corps électrisés qui
n'ont pas eux-mêmes été atteints par les rayons,
en amenant sur eux l'air qui a reçu le rayonnement. On peut, de plusieurs façons, se convain-
cre que cette conséquence se vérifie. J'indiquerai
une manière qui n'est pas la plus simple, de disposer l'expérience. Je me servais d'un tube de
laiton de 3 centimètres de diamètre et de 45 centimètres de longueur; à quelques centimètres
d'une des extrémités, on avait enlevé une portion
de la paroi, qu'on avait remplacée par une plaque d'aluminium mince ; à l'autre extrémité, qui
est fermée hermétiquement, est fixée une sphère
de laiton portée par une ligne métallique isolée
des parois du tube. Entre la sphère et l'extrémité
fermée du tube est soudé un petit tube latéral relié à un aspirateur; quand on aspire, la sphère
de laiton se trouve baignée dans un courant d'air
qui, en suivant le tube, a passé devant la fenêtre
d'aluminium. La distance de la fenêtre à la sphère
est d'environ 20 centimètres. Ce tube étant dis-
posé dans la chambre de zinc, de telle façon que
les rayons X pussent pénétrer à travers la fenêtre
d'aluminium, normalement à l'axe du tube; la
sphère isolée était en dehors de la région traversée dans l'ombre.

Le tube et la chambre de zinc étaient en communication conductrice ; la sphère était reliée à un électroscope de Hankel.

On constata qu'une charge, positive ou négative, communiquée à la sphère, n'est pas modifiée par les rayons X, tant que l'air du tube reste en repos, mais que la charge commence à diminuer dès qu'une aspiration énergique amène sur la sphère l'air exposé aux rayons.

En mettant la sphère en relation avec des accumulateurs, de façon à maintenir son potentiel constant, et en aspirant constamment par le tube l'air exposé au rayonnement, on voit se produire un courant électrique, comme si la sphère était mise en relation avec la paroi du tube par un corps mauvais conducteur.

6° Une question se pose : Comment l'air peut-il perdre la propriété que lui ont communiquée les rayons X?

La perd-il avec le temps, de lui-même, c'est-à-dire sans venir au contact d'autres corps? La réponse est encore douteuse.

Par contre, il est certain qu'un contact de courte durée avec un corps de grande surface rend l'air inactif; il n'est pas nécessaire que le corps soit électrisé.

Par exemple, si l'on introduit dans le tube un tampon d'ouate suffisamment épais, à une profondeur telle que l'air exposé aux rayons doive le traverser avant d'atteindre la sphère électrisée, la charge de la sphère reste invariable pendant l'aspiration.

Si le tampon est en deçà de la fenêtre d'aluminium, le résultat est le même que s'il n'existait pas, preuve que ce ne sont pas des poussières qui occasionnent la décharge observée.

Des toiles métalliques agissent comme l'ouate; mais la toile doit être très fine, et il faut disposer l'une sur l'autre plusieurs toiles, pour que l'air qui les a traversées devienne inactif.

En reliant ces toiles non plus, comme nous l'avons supposé jusqu'ici, à la terre, mais à une source d'électricité de potentiel constant, l'expérience a toujours confirmé mes prévisions; mais ces recherches ne sont pas encore achevées.

7° Quand on place les corps électrisés, non plus dans l'air, mais dans l'hydrogène sec, les rayons X les déchargent également. La décharge dans l'hydrogène m'a paru un peu plus lente; toutefois, le fait reste encore incertain, à cause de la difficulté qu'il y a à obtenir des rayons de même intensité dans deux expériences successives.

La façon dont on a rempli l'appareil d'hydrogène permettait d'affirmer que la couche d'air condensée primitivement à la surface des corps n'avait pas joué un rôle essentiel dans la décharge.

8° Dans un vide poussé assez loin, la décharge d'un corps directement atteint par les rayons X se produit, dans un cas, soixante-dix fois plus lentement que dans la même enceinte remplie d'air ou d'hydrogène à la pression atmosphérique.

II. Dans ma première publication, j'ai indiqué que les rayons X peuvent prendre naissance non seulement sur le verre, mais encore sur l'aluminium.

En poursuivant mes recherches dans cette voie, je n'ai trouvé aucun corps solide qui, exposé aux rayons cathodiques, ne pût donner naissance aux rayons X. Je n'ai rencontré non plus aucun fait qui pût me faire croire que les liquides et les gaz ne se comportent pas de la même façon.

D'après les essais que j'ai effectués jusqu'ici, le platine est le corps qui produit les rayons X les plus intenses. Je me sers depuis plusieurs semaines avec grand avantage d'un tube à décharger dans lequel la cathode est un miroir concave, et l'anode une lame de platine fixée au centre de courbure du miroir et inclinée de 45° sur son axe.

Ces deux mémoires renseignent assez sur les rayons X. Des expériences complémentaires ont été faites un peu partout depuis. Elles ne nous ont guère beaucoup plus renseigné. Elles se rapportent presque toutes d'ailleurs à la théorie fort complexe de ces rayons.

M. Jean Perrin a recueilli les indications suivantes sur le degré de transparence de divers corps :

Sont très transparents, encore que l'influence de l'épaisseur reste cependant nette :

Le bois, le papier, la cire, la paraffine, l'eau.

Viennent ensuite, à peu près rangés par ordre d'opacité croissante :

Le charbon, l'os, l'ivoire, le spath, le verre, le quartz, le sel gemme, le soufre, le fer, l'acier, le cuivre, le laiton, le mercure, le plomb.

MM. Bleunard et Labesse ont constaté que les corps simples transparents ou opaques communiquaient ces propriétés à leurs composés.

Sont très transparents :

Le carbone, le silicium, le bore et leurs composés.

Sont opaques :

Le soufre, le sélénium, le tellure, le phosphore et leurs dérivés.

Ces caractères semblent donc dévolus uniformément à une même famille atomique.

Les solutions de :

Chlorure d'antimoine, Bromure de potassium, Bichromate de potasse sont opaques.

Les solutions de :

Permanganate de potasse, Borate de soude, Teintures d'aniline sont transparentes.

La paraffine, l'aluminium, le cuir et le papier noir sont transparents aux rayons X, tandis qu'ils sont obscurs aux rayons ultra-violets.

M. J. Carbutt, de Philadelphie, a fait, sur le passage des rayons X à travers des écrans colorés, d'intéressantes expériences qu'il résume ainsi :

« 1° Les rayons cathodiques, vus à travers un écran jaune pâle, prennent l'éclat de rayons jaunes.

« 2° Les mêmes rayons, vus à travers un écran violet foncé, prennent un éclat phosphorescent analogue à celui d'une petite lampe voltaïque placée dans le circuit d'une bobine d'induction.

« 3° Vus à travers un écran vert, ils deviennent vert émeraude.

« 4° Vus à travers un écran rouge foncé, ils deviennent du rouge carmin pâle.

« Les écrans étaient confectionnés comme ceux dont je me sers en photochromie, c'est-à-dire avec des glaces finement polies de 1 millimètre 1/2 d'épaisseur, recouvertes d'une couche de gélatine colorée avec de la teinture d'aniline.

« Quant aux rayons Rœntgen, les écrans, quels qu'ils soient, glace polie ou colorée, en interceptent ou en absorbent environ 50 0/0.

« J'ai placé une série d'écrans côte à côte dans l'ordre suivant : glace polie, verre dépoli, violet foncé, vert, jaune clair, rouge foncé; il fut impossible de reconnaître la glace polie des glaces colorées. En regardant les écrans à travers un fluoroscope mis en contact intime avec leur surface, l'œil n'éprouva pas la moindre sensation de couleur.

« Ces expériences me confirmèrent donc dans l'opinion que j'avais émise lors de mes précédentes recherches sur les rayons X, à savoir qu'ils appartiennent à la région ultra-violette du spectre, puisqu'ils l'absorbent entièrement, tandis que les rayons violet foncé n'absorbent pas le rouge.

« Le docteur Rœntgen avait bien trouvé que les rayons X ne sont ni réfractés, ni réfléchis, mais il n'est pas parvenu à ma connaissance qu'on ait jusqu'ici cherché expérimentalement à déterminer leur pouvoir absorbant sur les couleurs du spectre. »

Un des caractères des rayons X est leur inaction à l'égard de la rétine. Quelques auteurs, Rochas et Deriex entre autres, ont voulu expliquer ce fait, non par le mode vibratoire des rayons qui ne serait pas harmonique au mode vibratoire de l'influx nerveux, mais par l'opacité du cristallin et des milieux de l'œil.

*A priori*, cette explication peut paraître erronée, car il n'est pas admissible qu'un sens n'approprie pas ses moyens à sa fonction.

D'autre part, ce fait semble peu en accord avec les propriétés des rayons X. Comment est-il possible que les rayons de Rœntgen ne traversent ni le cristallin, ni l'humeur vitrée, dès l'instant qu'ils ne sont arrêtés par aucun autre corps organique.

On a essayé de se rendre compte de ce phénomène, après qu'ayant eu à déterminer la place de corps étrangers dans le globe oculaire, on se fut aperçu que les milieux de l'œil jouissaient d'une transparence relative. On plaça dans l'œil d'un bœuf quelques grains de grenaille, puis on en fit une image radiographique : les plus petits grains, comme les plus gros, apparurent très nettement sur l'épreuve. Comment concilier ce phénomène avec les expériences premières? M. Ch.-Ed. Guillaume a mis en avant, dans *La Nature*, une fort jolie hypothèse, qu'eu égard à l'esprit méthodique de son auteur nous avons toute raison de croire possible : « les rayons X forment une sorte de spectre, et diffèrent entre eux autant et même plus que les lumières diversement colorées. Quand on parle des rayons X, il faut préciser. Dire que les milieux de l'œil les absorbent ou les laissent passer est aussi injuste

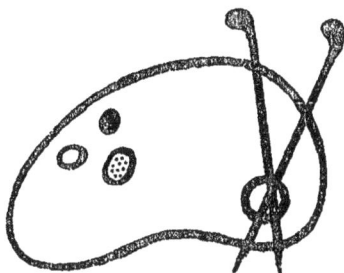

Original en couleur

NF Z 43-120-0

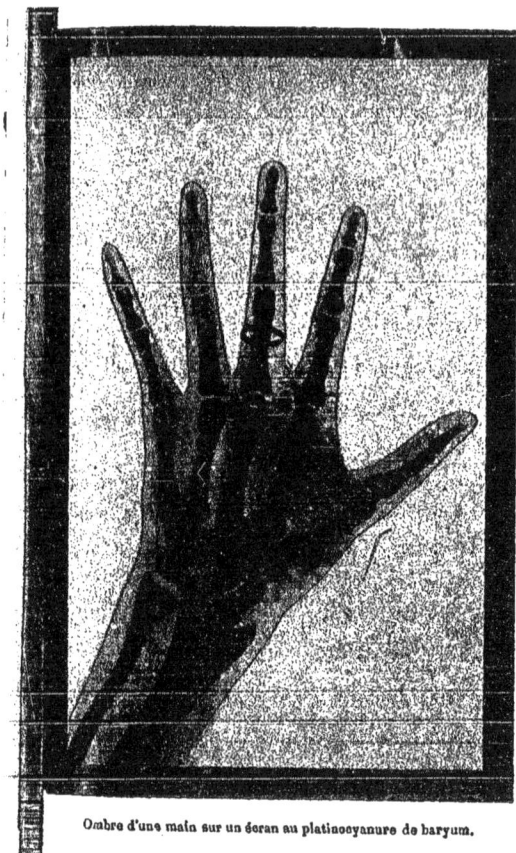

Ombre d'une main sur un écran au platinocyanure de baryum.

que d'affirmer qu'un verre rouge laisse passer la lumière ou qu'il l'absorbe. Il est traversé par la lumière rouge, et par conséquent par la composante rouge de la lumière blanche; mais, s'il est bien pur, il retient toute la lumière qui a traversé d'abord un verre bleu.

« Cette opacité relative des liquides de l'œil se relie à leur pouvoir absorbant dans l'ultra-violet. On sait, en effet, que le spectre visible est limité pour nous à une octave, du côté de l'infra-rouge, par l'insensibilité du pourpre rétinien aux lumières qui dépassent le rouge, à l'autre extrémité par l'absorption qu'exerce la cristalline sur les radiations situées au delà du violet. La bande d'absorption dans cette région est probablement assez large, et, d'après MM. de Rochas et Dariex, semble s'étendre jusqu'au commencement du spectre des rayons X. Mais, pour les rayons plus pénétrants, la transparence reparaît. »

Citons encore quelques observations curieuses, que le docteur Bardet, secrétaire de la Société de thérapeutique, a cru devoir faire à ce propos. Nous ne nous prononçons pas sur leur réalité: des constatations de ce genre demandent une rigueur expérimentale absolue, et la méthode employée dans ce cas laisse un peu trop place à l'imagination, au coefficient personnel de l'expérimenté.

L'observateur se place dans un cabinet absolument noir, entouré de voiles noirs épais, le mettant à l'abri de toute filtration lumineuse. Dans une pièce voisine on place contre un mur de bois mitoyen un tube focus de grande puissance. Les

5

murs du laboratoire ne doivent pas être enduits de peinture, ils deviendraient fluorescents et provoqueraient une cause d'erreur. Si l'observateur est assez rapproché de la cloison lorsque le tube de Crookes est en fonctionnement, il ne tarde pas à éprouver une sensation lumineuse même les yeux fermés; il semble se rendre également compte des alternatives de lumière et d'obscurité produites par des arrêts dans le fonctionnement du tube. Cette sensation lumineuse a un aspect tremblotant et vibratoire semblable à l'éclat papillotant du tube de Crookes; elle est extrêmement affaiblie, et l'auteur la compare à celle que perçoit un sujet placé dans une pièce obscure, lorsqu'une personne traverse avec une lumière la chambre voisine. Il faut reposer l'œil dans l'obscurité pendant au moins un quart d'heure avant de le soumettre à l'action des rayons X.

Comme on le voit, rien ne justifie dans ces expériences la conclusion qu'a tirée M. Bardet : elles sont un peu trop imprécises et l'auto-suggestion a beau jeu.

Enfin, M. Poveau de Courmelles a examiné à l'Institution des Jeunes Aveugles 240 enfants, sur lesquels neuf semblent avoir perçu les rayons X, toute cause d'erreur étant écartée.

D'autres aveugles ont perçu les rayons cathodiques et les rayons fluorescents.

Ces expériences seraient à vérifier et à reprendre.

Jusqu'ici la source la plus commune et la plus abondante de rayons X est la décharge électrique dans le tube de Crookes,

M. Moreau a pu influencer la plaque photographique en châssis par des rayons produits par l'aigrette électrique. Pour obtenir ce résultat, il fallait placer la plaque parallèlement, et non perpendiculairement à l'aigrette.

MM. Robinet et Perret ont également impressionné des plaques par l'effluve électrique.

On n'a jamais pu constater la présence des rayons X dans la lumière solaire.

L'idée a été émise qu'ils étaient peut-être absorbés par l'atmosphère terrestre. Afin de vérifier cette hypothèse, M. Capri a transporté sur le Pike's Peak, à une altitude de 4,250 mètres, une boîte appropriée contenant une plaque sensible qu'il laissa exposée à la lumière du sud pendant 44 jours (du 27 juin au 10 août 1896). Une boîte semblable fut exposée dans les mêmes conditions à 2,760 mètres, et aucune des deux plaques n'a donné de traces d'impression lumineuse. Il en résulte donc que même à de hautes altitudes, on ne constate pas la présence des rayons X dans les radiations solaires.

M. Ch. V. Zenger a rappelé, au moment des communications de Rœntgen, ses expériences de 1893 sur les bords du lac de Genève.

Le Mont-Blanc, longtemps après le coucher du soleil, est visible et illuminé par une lueur jaune-verdâtre, semblable à la fluorescence des tubes de Crookes. Après la disparition de toute lueur visible, M. Zenger prit une photographie et obtint une épreuve très nette du Mont-Blanc en 5 minutes de pose. Il ne peut y avoir analogie entre ces radiations qui se réfractent dans les lentilles de l'objectif, et les rayons X. Ils sont bien plutôt voisins des rayons ultra-violets ou des rayons de Becquerel, dont nous allons nous occuper.

Enfin, une aurore boréale fut observée à Glasgow le 4 mars 1896. On ne put y déceler la présence des rayons X.

Tesla a formulé sur la nature des rayons Rœntgen une théorie matérialiste que je rapporte sans la discuter :

« Il est peu douteux aujourd'hui, dit le célèbre électricien, qu'un courant cathodique dans un tube est composé de petites particules de matière lancées de l'électrode avec une grande vitesse. La vitesse probable réalisée peut être estimée, et justifie pleinement les effets mécaniques et calorifiques produits par le faisceau contre la paroi de l'obstacle opposé au tube. Il est d'ailleurs reconnu que les lambeaux de matière projetés agissent comme des corps non élastiques, comme d'innombrables boulets infinitésimaux. On peut montrer que la vitesse du courant peut atteindre 100 kilomètres à la seconde, et même plus. La matière se mouvant avec une telle vitesse doit sûrement pénétrer à une grande profondeur dans les obstacles qu'elle rencontre, si les lois de la mécanique sont applicables au courant cathodique.

« La matière composant le courant cathodique est réduite à une forme primaire jusqu'ici encore inconnue, car de telles vitesses et des chocs aussi violents n'ont probablement jamais été étudiés ni même réalisés, avant que ces manifestations extraordinaires aient été observées. Le point important signalé d'abord par Rœntgen et confirmé par les recherches subséquentes, à savoir qu'un corps est d'autant plus opaque aux rayons qu'il est plus dense, ne saurait s'expliquer d'une façon plus satisfaisante que par la théorie considérant ces rayons comme des courants de matière.

« Cette relation entre l'opacité et la densité est de toute importance, quant à la nature des rayons, car elle n'existe pas pour les vibrations lumineuses, et ne devrait par conséquent pas être trouvée à un degré aussi marqué, et dans toutes les conditions, pour des vibrations similaires aux vibrations lumineuses et de fréquence à peu près pareille. Une preuve décisive de l'existence de courants matériels est fournie par la formation d'ombres dans l'espace, à une certaine distance du tube. Ces ombres ne sauraient être fournies, dans les conditions décrites, que par des courants de matière. »

La théorie des rayons X est destinée à dépister longtemps la sagacité des chercheurs. Il est impossible de se prononcer à cet égard.

« Quoi qu'il en soit, dit M. Poincaré, on est bien en présence d'un agent nouveau, aussi nouveau que l'était l'électricité du temps de Gilbert, le galvanisme du temps de Volta. Toutes les fois qu'une semblable révélation vient nous surprendre, elle réveille en nous le sentiment du mystère dont nous sommes environnés, sensation troublante qui s'était dissipée à mesure que s'émoussait l'admiration pour les merveilles d'autrefois. »

# LES RADIATIONS VOISINES

Les rayons de Becquerel. — La lumière noire.

« Ainsi c'est le verre qui émet les rayons Rœntgen, et il les émet en devenant fluorescent. Ne peut-on alors se demander si tous les corps dont la fluorescence est suffisamment intense n'émettent pas, outre les rayons lumineux, des rayons X, quelle que soit la cause de leur fluorescence ? Les phénomènes ne seraient plus liés alors à une cause électrique. Cela n'est pas très probable, mais cela est possible et sans doute assez facile à vérifier » (Poincaré).

Peu de temps après, M. Charles Henry apportait à l'Académie des sciences une vérification de l'hypothèse signalée par M. Poincaré : du sulfure de zinc, corps phosphorescent, soumis à l'action des rayons solaires ou à celle de la lumière du magnésium, a pu ensuite impressionner une plaque photographique à travers une lame d'aluminium et à travers une double feuille de papier aiguille, comme l'auraient fait des rayons Rœntgen.

M. Becquerel montrait ensuite que les sels d'uranium émettaient, même après avoir été maintenus longtemps dans l'obscurité, des radiations qui traversent les corps opaques, se réfléchissent et se réfractent.

Ayant enfermé pendant huit mois dans une

double boîte de plomb, placée elle-même dans la chambre noire, une plaque photographique et des sels d'urane contenus dans de petites éprouvettes scellées à la paraffine, de façon à éviter l'action possible des vapeurs, il développa ensuite la plaque qui montre très nettement l'effet des radiations.

Ce cristal d'urane produirait une fluorescence *visible* après avoir été exposé à la lumière; mais il perdrait son éclat en une fraction de seconde s'il était replongé dans l'obscurité.

Mais, dans cette nouvelle condition, il émettra des rayons nouveaux, et l'émission continuera pendant longtemps sans s'affaiblir sensiblement.

Il n'est même pas certain qu'il soit nécessaire d'exciter préalablement ce cristal en l'exposant à la lumière, ni que la lumière augmente l'intensité de son pouvoir émissif. Tout ce que l'on peut dire, c'est qu'elle change partiellement le phénomène de nature.

« Il semble, dit M. Poincaré, que ces corps aient accumulé en eux, depuis le moment où ils ont pris naissance, une provision d'énergie qu'ils dépensent sous forme de rayons Becquerel, que la lumière et les agents extérieurs ne peuvent renouveler, mais qui ne s'épuise que lentement. Au contraire l'énergie qui est dépensée sous forme de lumière visible s'épuise rapidement, mais peut être renouvelée par les agents extérieurs. »

M. Troost, avec du sulfure de zinc et du sulfure de calcium récemment préparé, a obtenu les mêmes résultats, mais son sulfure de calcium avait perdu ses propriétés au bout de quelques jours, ce qui semble corroborer l'observation précédente de M. Poincaré.

Les rayons de Becquerel ont certaines propriétés qui se rapprochent des rayons Rœntgen : ils traversent les corps opaques, agissent sur les plaques photographiques et déchargent les conducteurs électrisés.

Mais, d'autre part, ils se réfléchissent, se réfractent et sont polarisés par la tourmaline.

*Ce sont donc des Rayons lumineux.*

D'après M. Poincaré, ils forment le trait d'union entre la lumière ordinaire et les rayons de Rœntgen.

C'est vraisemblablement à ces rayons qu'on doit attribuer la propriété qu'ont les vers luisants d'impressionner la plaque photographique. Nous aurons à revenir sur ce détail amusant.

« Sans insister autrement sur ces faits, on voit que les radiations émises par des corps phosphorescents et fluorescents partagent avec les rayons Rœntgen la propriété de traverser des corps opaques pour les radiations lumineuses et d'impressionner les plaques sensibles. De même également, les rayons Rœntgen et ces radiations possèdent la propriété de décharger les corps électrisés. On est ainsi conduit à établir une certaine analogie entre les uns et les autres, bien que M. H. Becquerel ait montré que les radiations invisibles qui émanent des corps phosphorescents subissent la réflexion et la réfraction, propriétés que ne possèdent pas les rayons Rœntgen. Il est donc naturel de supposer que les radiations émises par les corps fluorescents peuvent, après avoir traversé des substances opaques aux radiations lumineuses, agir sur des écrans fluorescents comme ceux dont on fait usage en fluoroscopie. Nous n'avons pas vu, il est vrai, que le fait ait été signalé déjà, et les circonstances ne nous ont pas permis jusqu'à présent de le rechercher. Peut-être d'ailleurs faudrait-il faire usage de substances actives autres que celles employées jusqu'à présent. Mais il ne nous semble pas impossible d'arriver à ce résultat.

« S'il en était ainsi, et si les effets observés n'étaient pas trop faibles, il n'y aurait qu'à remplacer, dans le dispositif actuellement employé, la bobine d'induction et le tube à vide par une certaine quantité de matière phosphorescente préalablement soumise à l'action de la lumière solaire ou à celle de l'arc électrique ou de la flamme de magnésium. On voit immédiatement que la simplification serait apportée au manuel opératoire. » (Gariel.)

Le docteur Gustave Le Bon a donné le nom de *lumière noire* à une catégorie de radiations influençant la plaque photographique et susceptibles de traverser les métaux, dont il poursuivait l'étude depuis quelque temps, lors de la découverte de M. Rœntgen.

A ce moment, il dut communiquer à l'Académie des expériences encore imparfaites et des résultats peu décisifs, afin que ses premières investigations ne soient pas oubliées dans l'enthousiasme qui accueillait les rayons X.

Ses découvertes furent immédiatement controversées, et, certes, avec acrimonie. On lui reprochait, non sans raison, d'avoir qualifié ses radia-

tions d'un nom amphibologique, un peu trop littéraire. C'est peut-être grâce à cela qu'il doit
d'avoir été pris en considération, et je ne saurais,
pour ma part, lui en faire un crime. M. Le Bon a
répondu à ses détracteurs que sa découverte per-
dait de son importance à leurs yeux, parce qu'elle
ne venait pas d'un pays aussi éloigné; c'est là un
argument un peu trop facile qu'on nous ressasse
depuis deux ou trois ans à propos des importa-
tions littéraires. Il est fâcheux qu'en science on
prenne les mêmes habitudes de discussion. M. Le
Bon prétendit, au moment où les rayons de Rœntgen furent connus en France, que la lumière ordinaire, ou tout au moins certaines de ses radiations, traverse sans difficulté les corps les plus
opaques.

« Dans un châssis photographique positif ordinaire, introduisons une plaque sensible, au-dessus
d'elle un cliché photographique quelconque, puis
au-dessus du cliché, et en contact intime avec lui,
une plaque de fer couvrant entièrement la face
antérieure du châssis. Exposons la glace ainsi
masquée par la lame métallique à la lumière d'une
lampe à pétrole, pendant trois heures environ. Un
développement énergique très prolongé et poussé
jusqu'à entier noircissement de la plaque sensible
donnera une image du cliché très pâle, mais très
nette par transparence.

« Il suffit de modifier légèrement l'expérience
précédente pour obtenir des images presque aussi
vigoureuses que si aucun obstacle n'avait été
interposé entre la lumière et la glace sensible.
Sans rien changer au dispositif précédent, plaçons

derrière la glace sensible une lame de plomb d'épaisseur quelconque, et rabattons ses bords de façon à ce qu'ils recouvrent légèrement les côtés de la plaque de fer. La glace sensible et le cliché se trouvent ainsi emprisonnés dans une sorte de caisse métallique dont la partie antérieure est formée par la lame de fer, la partie postérieure et les parties latérales par la lame de plomb. Après trois heures d'exposition à la lumière du pétrole, comme précédemment, nous obtiendrons par développement une image vigoureuse. » La lumière solaire jouirait des mêmes propriétés.

M. Le Bon supposait, pour expliquer ces expériences, que les ondulations lumineuses se transformaient dans le métal en radiations nouvelles.

Mais les objections ne tardèrent pas à apparaître : M. Niewenglovsky, répétant l'expérience de M. Le Bon, dans l'obscurité, *sans aucune source de lumière*, impressionna identiquement la plaque sensible. Il en conclut qu'un cliché ayant été exposé à la lumière conservait, de ce fait, une sorte d'énergie latente capable de voiler la plaque sensible.

MM. Lumière, de Lyon, allèrent plus loin ; ils affirmèrent que la lumière noire n'existait pas et que les plaques sensibles étaient impressionnées par des défauts d'expérience ; il suffisait de boucher hermétiquement le châssis pour n'obtenir aucun résultat.

M. d'Arsonval mit tout le monde d'accord : « Les uns et les autres, dit-il, ont raison ; tout dépend des conditions opératoires. »

MM. Lumière n'ont obtenu aucune impression

de la plaque sensible parce qu'ils n'interposaient pas entre cette plaque et la lame métallique une plaque de verre.

Les rayons lumineux exciteraient une fluorescence spéciale du verre, et, dès lors, nous nous trouverions dans le cas des rayons de Becquerel. Cela est d'autant plus vrai, que la plaque sensible est davantage impressionnée lorsqu'on emploie des verres très fluorescents.

Pour établir que la lumière qui intervient dans la photographie de l'expérience précédente n'est pas de la lumière de fluorescence, M. Le Bon, ayant recouvert une plaque sensible d'une feuille de papier percée d'une ouverture circulaire, dispose au-dessus de cette ouverture une médaille en aluminium de $4^{mm}$ d'épaisseur. Le disque de la médaille déborde sur l'ouverture. Cette médaille porte sur la face en rapport avec la plaque sensible (mais ne la touchant pas) une inscription, et sur l'autre face, une effigie.

S'il y avait fluorescence, l'épreuve devrait reproduire l'inscription. Or, c'est précisément le contraire qui arrive.

Une autre expérience devait faire tomber tous les doutes.

M. Le Bon colle sur une plaque d'ébonite, épaisse de deux millimètres environ, une étoile de papier d'étain. La plaque d'ébonite est encastrée dans un cadre de bois, et l'on applique contre la face d'ébonite une plaque photographique légèrement voilée, maintenue par un volet dont la pression est assurée par des ressorts, suivant la disposition des châssis de tirage. La face recouverte de la figure en papier d'étain est donc extérieure. Si l'on expose ce châssis à la lumière et que l'on soumette ensuite la plaque photographique aux opérations du développement, on voit apparaître en noir l'image du dessin. Il résulte de là que la partie de la plaque d'ébonite recouverte de papier d'étain a été beaucoup mieux traversée par la lumière. Cette expérience, si singulier que puisse paraître le résultat, a été contrôlée par M. d'Arsonval et par M. Lippmann. On ne peut l'expliquer par l'intervention des rayons de fluorescence. D'ailleurs, il est à remarquer que l'expérience réussit encore très bien si l'on recouvre extérieurement la feuille d'ébonite, portant la figure d'étain, par une deuxième feuille d'ébonite. Enfin la température ne joue évidemment aucun rôle, car si l'on transporte le châssis dans une étuve obscure, sans exposition préalable ou postérieure, les opérations du développement ne donnent aucune image.

M. Perrigot fit encore des objections : pourquoi faut-il que la plaque sensible soit préalablement un peu voilée? Pourquoi l'épaisseur de la plaque d'ébonite ne doit-elle pas dépasser $0^{mm}7$? Est-il certain que la lumière diffuse ne passe pas à travers cette plaque mince? M. Perrigot, ayant observé un foyer électrique à travers une plaque semblable, aperçut fort bien l'étincelle. Dans ces conditions, la lumière traverse l'ébonite et voile la plaque sensible; ce qui se produit toutes les fois qu'on surexpose un cliché.

Mais M. Le Bon a répliqué : la lumière noire existe, puisqu'en ne voilant que la moitié de la plaque sensible, et en la protégeant par une plaque d'ébonite de 8 millimètres d'épaisseur, recouverte d'une croix, l'ombre de la moitié de cette croix apparaît sur la partie voilée, tandis que la seconde partie reste intacte. La lumière n'a donc pas traversé l'ébonite.

Tel est l'état de la question à l'heure actuelle.

# APPAREILS EMPLOYÉS

## EN RADIOGRAPHIE ET EN RADIOSCOPIE

Nous allons étudier maintenant les appareils destinés à la production des rayons X, c'est-à-dire les sources d'électricité et de transformation et les tubes de Crookes. Mais pour passer à l'usage et à l'application de rayons Rœntgen, il est aussi nécessaire de connaître les procédés au moyen desquels on a pu les déceler, c'est-à-dire la radiographie et la radioscopie.

La radiographie est la production d'images photographiques au travers de corps absolument opaques à la lumière.

La radioscopie consiste en la projection de ces mêmes ombres sur des écrans rendus fluorescents par les rayons Rœntgen.

Pour produire les rayons de Rœntgen, c'est-à-dire pour faire passer à travers un tube de Crookes des décharges successives qui, par l'intermédiaire des rayons cathodiques, provoquent la formation des rayons X, on peut employer indifféremment, selon la commodité, des piles, des accumulateurs ou le courant distribué dans les grandes villes par les usines centrales (dynamos).

Nous ne pouvons entrer dans le détail de la construction des nombreuses piles utilisées dans le commerce et dans les laboratoires. Il nous suffira d'en rappeler le principe. La production du courant électrique est due aux réactions chimiques qui ont lieu toutes les fois qu'on met en présence d'un acide deux corps solides inégalement attaquables par cet acide. Il se développe un courant du corps le moins sensible au corps le plus attaqué, c'est-à-dire du corps positif au corps négatif. Dans la pratique on utilise le zinc comme pôle négatif, tandis que le charbon sert communément comme pôle positif.

Les piles qui fournissent des courants de haute intensité et suffisamment constants sont les éléments de Bunsen et ceux au bichromate de potasse.

*Pile de Bunsen.* — La pile de Bunsen est essentiellement composée de deux vases : l'un, intérieur, est façonné en terre poreuse et contient une plaque de charbon et de l'acide nitrique; l'autre, en terre vernissée, contient une solution d'acide sulfurique au vingtième et une plaque de zinc : le premier de ces vases est entièrement plongé dans le second. Cette pile a le désavantage de dégager des vapeurs acides qui l'empêchent d'être employée dans les appartements et les lahoratoires. La meilleure pile actuellement utilisée est la pile de Grenet au bichromate de potasse.

*Pile au bichromate de potasse.* — Cette pile est d'ailleurs la plus simple et la plus pratique, elle se compose d'un simple vase dans lequel plongent une plaque de charbon et une plaque de zinc. On remplit ce vase avec un liquide dont nous allons indiquer la composition :

Eau.......................... 8 litres
Bichromate de potasse pulvérisé.. 1 kilo
Acide sulfurique ordinaire....... 3 k. 500

Pour faire ce mélange il est nécessaire de procéder délicatement. On dissout d'abord la quantité suffisante de bichromate dans l'eau bouillante ; après refroidissement, on ajoute lentement la proportion nécessaire d'acide sulfurique, en ayant soin de prendre garde à ce que le liquide ne s'échauffe pas trop à cette nouvelle addition : c'est seulement lorsqu'il est revenu à la température ambiante qu'on peut en garnir les piles. Un seul élément ne suffirait pas pour l'opération qui nous occupe, il en faut au moins six groupés en tension. Ce dispositif consiste à réunir le pôle négatif d'un élément au pôle positif de l'élément suivant ; le pôle négatif de celui-ci au pôle positif du troisième et ainsi de suite jusqu'à la dernière pile. Le pôle positif est constitué par le charbon du premier élément tandis que le pôle négatif est le zinc du dernier. Les zincs de toutes ces piles sont habituellement attachés à un treuil qui permet de les sortir de la solution de bichromate toutes les fois qu'on ne se sert pas de la pile ; elle

6

fonctionne générale dix à douze heures. Au bout
de ce temps, on remplace le liquide vieux par une
solution neuve.

*Accumulateurs*. — Les accumulateurs sont des
appareils destinés à emmagasiner l'électricité, ils
se composent essentiellement de deux lames de
plomb isolées l'une de l'autre et plongeant dans de
l'eau acidulée au dixième par de l'acide sulfurique.

Pour les charger, il suffit de mettre chaque
lame de plomb en rapport avec l'un des pôles
d'une pile ou d'une machine dynamo : au bout
d'un certain temps, toute l'électricité produite par
la pile s'est emmagasinée dans l'accumulateur,
celui-ci peut alors fonctionner comme une pile
primaire jusqu'à épuisement de sa charge. On doit
également réunir en tension cinq ou six accumulateurs ; ces appareils présentent l'avantage de
pouvoir être chargés dans les usines d'électricité.

*Usine d'électricité*. — L'électricité distribuée
dans les grandes villes par canalisation souter-
raine, pour la production de la lumière, peut également être utilisée, mais l'intensité du courant est
trop forte ; il faut donc préalablement le dériver
dans un *rhéostat*, appareil permettant d'employer
la quantité d'électricité nécessaire.

L'électricité fournie par ces différents débits
doit être transformée en un courant de haute
tension. La bobine de Ruhmkorff est l'appareil
destiné à cet usage, il est basé sur les propriétés
de l'induction que nous allons rappeler sommairement.

Si l'on fait passer dans un fil un courant intermittent, on observe dans des fils de direction parallèle, la production d'un second courant de sens contraire ; le courant primaire est dit courant inducteur, le courant secondaire courant induit. C'est sur ce principe que Ruhmkorff a construit l'appareil qui porte son nom, il est théoriquement composé de deux bobines : l'inductrice est en fil gros et court, l'induite qui la recouvre est en fil long et fin. La première bobine recevra le courant inducteur d'une pile ou d'un accumulateur, que l'on rendra intermittent par un mécanisme approprié. Sous cette influence, la seconde bobine développe des courants de sens contraire qui sont recueillis aux bornes de l'appareil et servent à produire des décharges dans le tube de Crookes.

Pour obtenir des rayons de Rœntgen, il faut employer une bobine assez forte, donnant au moins des étincelles de sept à huit centimètres. La bobine la plus commode est celle que fabrique M. Gaiffe ; elle est munie de l'interrupteur d'Arsonval et coûte environ de trois à quatre cents francs, ce qui ne met pas à la portée de tout le monde l'amusement de la radiographie.

Théoriquement, le tube de Crookes se compose d'une ampoule de verre dans laquelle pénètrent, en deux endroits différents, deux fils de platine reliés aux bornes d'une bobine de Ruhmkorff. Dans cette ampoule, on fait le vide nécessaire au moyen des pompes pneumatiques ou des trompes à mercure dont nous allons au préalable étudier le fonctionnement. Nous avons vu que, lorsque le vide arrive à quelques millimètres de mercure, le verre devenait légèrement fluorescent : c'est alors

que les rayons X prennent naissance. La matière
étant divisible à l'infini, il est clair que le vide
absolu ne peut être qu'une vue de l'esprit et ne
s'obtient jamais en réalité.

*Appareils destinés à faire le vide.* — C'est par
le moyen de la trompe à mercure qu'on obtient la
raréfaction la plus complète, mais cet appareil ne
faisant le vide qu'avec une extrême lenteur, il
vaut mieux enlever d'abord la plus grande partie
de l'air de l'ampoule au moyen d'une machine
pneumatique ordinaire.

*Machine pneumatique ordinaire.* — La machine
pneumatique classique se compose d'un corps de
pompe en cristal dans lequel on fait mouvoir ma-
nuellement un piston de cuir huilé ; une soupape
inférieure, obturant le conduit qui est en rapport
avec le récipient où on doit faire le vide, permet,
quand le piston s'élève, d'aspirer l'air, et se referme
automatiquement sous l'influence de l'air com-
primé, à la descente du piston, tandis qu'une autre
soupape cède à cette pression. C'est, comme on le
voit, le même principe que la pompe à eau.

*Pompe-trompe à eau et à mercure.* — La trompe
à eau est constituée par deux ajutages tronconi-
ques opposés l'un à l'autre et distants de quelques
millimètres, l'embouchure de l'ajutage inférieur est un peu plus large que celle de l'ajutage
supérieur. Ce système entier est compris dans une
cavité close, reliée au récipient à raréfier ; par le
tube supérieur, on fait arriver de l'eau sous pression qui se précipite dans la coupelle inférieure
en entraînant dans sa chute une certaine quantité
d'air aspiré par la petite lacune intermédiaire.

Cet appareil, très commode, a cependant l'inconvénient de ne pouvoir produire un vide plus
considérable que celui correspondant à la tension
de la vapeur d'eau dans les con-
ditions thermiques où l'on opère.
On arrive ainsi à produire un
vide d'un demi-millimètre : pour
aller plus loin (jusqu'à un millième de millimètre), on est
obligé d'employer la trompe à
mercure.

La trompe à mercure est établie sur le même principe. Elle
se compose d'un long tube vertical de 1$^m$ 50 de long, se divisant
à sa partie supérieure en deux
branches, communiquant, l'une
avec un réservoir de mercure
situé au-dessus de l'appareil de
manière à en permettre l'écou-
lement dans le tube, l'autre,
avec le récipient à raréfier. Le
mercure tombe goutte à goutte
dans le tube et emprisonne entre
chaque globule adhérent aux
parois de verre un certain volume d'air qui, repoussé par les
bulles suivantes, est rejeté dans

Fig. 4. — Trompe à mer-
cure de l'ingénieur Séguy.

l'air libre, tandis que le mercure est recueilli
dans une cuve. Cet air est nécessairement em-
prunté au récipient avec lequel la trompe est en
rapport.

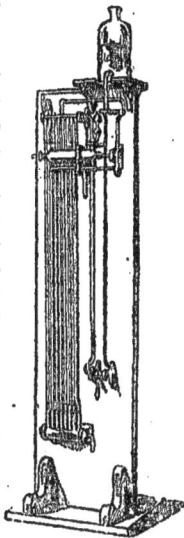

Il peut sembler difficile d'apprécier mathéma-

tiquement de tels degrés de vide ; pour connaître
la pression encore élevée qui subsiste dans les
récipients où le vide est grossier, il suffit de les
faire communiquer avec la cuve d'un baromètre
à mercure.

On sait sur quel principe est construit le baromètre : le poids de l'atmosphère exerce à la surface d'une cuve exposée à l'air libre une pression
suffisante pour maintenir dans un tube dépourvu
d'air une colonne de mercure s'élevant normalement à 760 millimètres. Suivant qu'on diminue
ou qu'on augmente la pression à la surface de la
cuve, la colonne descend ou monte dans le baromètre. Dans le cas qui nous occupe, cet appareil
ne peut indiquer qu'un vide très relatif, il est
évident qu'il est à peu près impossible d'estimer
une pression correspondant à un millième de
millimètre de mercure.

Pour apprécier le degré de raréfaction dans les
grands vides, on emploie avantageusement la
jauge de Mac-Léod.

Une ampoule munie à sa partie supérieure d'un
tube capillaire gradué est en rapport par sa partie
inférieure, d'une part, avec un baromètre mobile,
d'autre part, avec le récipient à vide. La communication entre ce dernier et l'ampoule peut être
interrompue et rétablie à l'aide d'un robinet. Pour
faire fonctionner l'appareil, on ouvre d'abord ce robinet et l'on établit ainsi la même pression dans
l'ampoule et dans le récipient. On ferme ensuite ce
robinet, et l'on élève la tige mobile du baromètre; le
volume de l'eau contenu dans l'ampoule se réduit
de plus en plus, pour se confiner dans le tube gra-

dué. On a préalablement constaté le volume de l'eau contenu dans cette ampoule lorsqu'il était à la pression normale. Avant qu'aucune pompe n'ait fonctionné, on a élevé le baromètre jusqu'à maintenir entre le niveau du mercure de l'ampoule et le niveau supérieur une colonne de mercure de 760 millimètres. Le vide étant fait, on recommence la même opération. Si le résidu gazeux occupe finalement sous cette même pression de 760 millimètres un volume égal au millième du volume primitivement occupé, on peut conclure que cette pression correspond à un millième d'atmosphère.

La pression intérieure nécessaire au bon fonctionnement d'un tube de Crookes doit être comprise entre un millième et un cinq centième de millimètre de mercure. M. Silvanus Thompson a vu la force de pénétration des rayons X, c'est-à-dire la transparence des corps opaques s'accroître avec le degré du vide jusqu'à une certaine limite où, comme on sait, la décharge ne se produit plus. Dans ces conditions, en opérant sur le corps humain, les os ont pu être traversés et aucune ombre radiographique n'était sensible sur la plaque impressionnée. Dans la pratique on évalue le degré de vide à la fluorescence de la paroi opposée à la cathode; à un certain degré de vide, ainsi que nous l'avons indiqué, on voit apparaître cette fluorescence qui passe ensuite par un maximum, puis disparaît dans le vide parfait; c'est au moment où son intensité est la plus considérable que le vide est le meilleur.

Puisque les rayons X semblent attribuables à la

fluorescence du verre, la nature de celui qui compose l'ampoule n'est pas indifférente ; on emploie de préférence les verres à base de soude, de potasse et de chaux, qui donnent une belle fluorescence verte. La forme des tubes de Crookes, surtout depuis leur application constante à la production des rayons X, a été variée indéfiniment ;

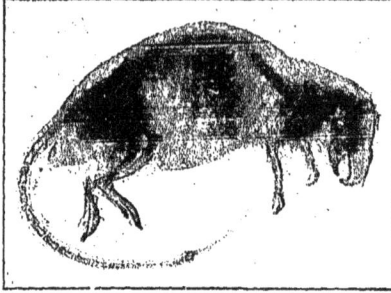

Fig. 5. — Radiographie d'un rat.

chaque dispositif a ses avantages et ses inconvénients.

Les premiers tubes dont on s'est servi avaient la forme d'une poire allongée : la cathode située à la partie supérieure se composait d'un fil terminé par un petit plateau d'aluminium dont le plan était perpendiculaire au grand axe de l'ampoule ; l'anode était indifféremment située sur un des côtés, mais la grande surface fluorescente, par conséquent productrice des rayons X, était relativement grande et les rayons dispersés diminuaient d'intensité.

M. Collardeau, pour remédier à cet inconvénient, imagina une ampoule cylindrique de faible diamètre et fermée à ses deux extrémités. Ce tube avait à peu près les dimensions d'une cigarette, la cathode située à l'un des pôles et l'anode sur le côté. La surface d'émission était ainsi considérablement réduite, mais, la capacité du cylindre étant trop faible, il fallut greffer sur la paroi une ampoule servant de réservoir. Nous verrons plus loin les conditions qui exigent cette modification.

Ces dispositifs présentent un inconvénient commun : l'anticathode (il ne s'agit pas de l'anode, mais bien de la surface de l'ampoule directement opposée à la cathode) est en verre. Frappée par les rayons cathodiques, cette surface s'échauffe, et la composition du verre varie suffisamment pour que sa substance devienne en quelque sorte poreuse et se laisse pénétrer par le résidu de l'air raréfié.

Aussi a-t-on interposé sur le trajet des rayons cathodiques un écran de platine qui réfléchit ces rayons. Ces tubes sont dénommés *tubes à foyer, tubes focus.*

La cathode a une forme concave qui concentre les rayons cathodiques sur l'anticathode placée à 45 degrés par rapport à la surface d'émission des rayons X.

M. Collardeau a modifié le tube focus. M. Ch. Ed. Guillaume nous donne de ce nouveau modèle la description suivante :

« Dans sa nouvelle ampoule, la cathode, de très petites dimensions, remplit presque complè-

tement le tube et se trouve encastrée dans une petite
calotte de verre qui supprime les actions à sa face
postérieure. L'anticathode est placée aussi près
que possible de la cathode de manière à utiliser
toute l'énergie du flux cathodique. Si nous admet-
tons la théorie du bombardement, on peut pré-
voir que les rayons cathodiques s'affaiblissent
lorsque leur longueur augmente. Deux causes distinctes peuvent agir pour produire cette action;
d'une part, on rencontre d'autres particules ma-
térielles sur le trajet des ions formant le bombardement; d'autre part, interviennent les actions
électro-dynamiques. De plus, il est avantageux de
donner à l'ensemble des électrodes des dimensions
telles que le foyer formé sur l'anticathode soit toujours très petit. On sait, en effet, par les recherches
de M. Goldstein, qu'a vérifiées M. Collardeau, que le
foyer des rayons cathodiques est variable, et se
trouve presque toujours au delà du foyer du miroir que forme la cathode. On s'exposerait donc
à des mécomptes si l'on cherchait toujours le point
le plus petit du faisceau, à la rencontre des normales, à la cathode.

« On sait enfin que la paroi de verre du tube
absorbe fortement les rayons X. Il y a donc tout
intérêt à la rendre aussi mince que possible, pour
réduire l'absorption à son minimum; or, le tube
de M. Collardeau présente, à cet égard, un avantage marqué sur les ampoules de plus fortes dimensions. Plus un tube est petit, plus on peut l'a-
mincir sans craindre de le voir se pulvériser sous
la pression atmosphérique.

« Cependant, pour le rendre maniable, il faut

lui conserver une suffisante rigidité, sans laquelle
on serait exposé à l'écraser dans la main à la
moindre manipulation. C'est pourquoi M. Collardeau n'amincit que la partie du tube traversée
par les rayons X; dans ce but, il souffle une sorte
de verrue dans les parois du verre à l'endroit traversé par les rayons. »

C'est seulement lorsque le tube est de construction récente que le vide est assez bien calculé
pour que le rendement des rayons X soit maximum.

Dès que le tube a fait un certain usage, diverses
altérations viennent le modifier, qui diminuent
d'abord l'émission des rayons, pour annuler complètement ensuite la décharge électrique. Le vide
des ampoules s'altère assez rapidement et, ce qui
peut paraître étrange, non pas par une rentrée de
gaz qui augmente la pression, mais bien par une
raréfaction plus intense.

Les tubes présentent en effet après un emploi
un peu prolongé, un aspect mat évident surtout à
la surface anticathodique. M. Gouy (Comptes rendus
de l'Académie des Sciences) a démontré que la
couche superficielle et interne du verre devient
poreuse par l'effet de la chaleur, et retient prison-
nières une foule de petites bulles gazeuses, invisibles à l'œil nu, mais facilement reconnaissables
au microscope. Elles se trouvent réparties très
peu profondément dans l'épaisseur du verre. « De
cette observation semble résulter, dit M. Gouy,
que les rayons cathodiques font pénétrer dans le
verre les gaz du tube, qui restent ensuite cachés
jusqu'à ce que le ramollissement du verre les

mette en liberté. » C'est donc bien la raréfaction du résidu aérien qui ne laisse pas aux remous cathodiques des vecteurs suffisants à leur propagation, et par conséquent arrête la production des rayons de Rœntgen. On se trouve dès lors dans les conditions du vide de Hittorff, qui est mauvais conducteur de l'électricité, et augmente la résistance intérieure de l'appareil, tant et si bien que la décharge préfère passer à l'extérieur sous forme d'étincelles.

De plus, la substance qui compose la cathode semble se désagréger, et un dépôt impalpable d'aluminium vient colorer d'une teinte violette ou brune de plus en plus foncée la paroi anti-cathodique.

Pour remédier à ces inconvénients, le procédé le plus simple consisterait à laisser le tube relié d'une manière fixe avec une trompe à mercure qui permettrait d'obtenir chaque fois le degré de raréfaction nécessaire ou suffisant. Mais il faut disposer d'un véritable laboratoire, et quelques artifices plus simples permettent d'obtenir les mêmes actions pour la radiographie courante. Pour remettre en état un tube qui laisse passer à l'extérieur les décharges électriques, il suffit de le chauffer progressivement vers 200 degrés sur la flamme d'une lampe à alcool ; les gaz sont alors dégagés par le verre et le vide revient à son état primitif.

M. Guillaume a proposé de construire en palladium une des anodes, ce métal absorbant facilement les gaz, on peut les remettre en liberté en chauffant légèrement.

Il faut aussi, en usant des tubes de Crookes, prendre certaines précautions qui en retardent l'altération. Dès que le platine anti-cathodique rougit, il faut suspendre le passage du courant. D'ailleurs, dans ces conditions, l'émission des rayons X est à peu près nulle. Pour obvier aux décharges qui se font en dehors de l'ampoule, il faut opérer dans un lieu sec, dans un air chaud, et débarrasser le tube des poussières qui, comme chacun sait, attirent l'électricité.

Nous n'avons étudié jusqu'ici que les instruments destinés à la production des rayons X, il nous faut maintenant indiquer ceux qui sont utilisés pour l'enregistrement de ces rayons en radiographie. Il ne faut pas croire qu'on obtienne, avec les rayons Rœntgen, des images semblables à celles que donnent à travers un objectif les rayons lumineux normaux. L'objectif photographique ne peut être employé en radiographie, puisqu'il ne sert qu'à réfracter les rayons et à en donner une image nette. Les rayons de Rœntgen, nous l'avons vu, ne se réfractent pas; les corps qui, pour eux, sont opaques, donnent donc des ombres et non pas des images. Il s'ensuit que, pour avoir l'ombre radiographique d'une main, par exemple, il faut appliquer directement cette main sur une plaque sensible protégée de la lumière ordinaire par une enveloppe de papier noir. Si nous exposions à la lumière pendant quelques secondes une main posée sur une plaque sensible découverte, le développement du cliché révélerait l'ombre exacte de la main : la seule différence en radiographie est que les rayons X traversent les parties molles et sont interceptés par les os, en sorte que l'on obtient le squelette de la main et non son contour total.

Le principe de la photographie, rappelons-le sommairement : certains sels, répartis en couches uniformes à la surface d'une plaque de verre, ont la propriété de noircir complètement lorsqu'on les expose à la lumière solaire. Si donc on dispose une telle plaque dans une chambre noire, de manière à y faire arriver des rayons lumineux réfractés par un système de lentilles, cette plaque reproduira les ombres et les clartés qui sont contenues dans le champ de ces lentilles. Selon l'intensité lumineuse, la plaque sera différemment impressionnée.

Braquons par exemple un objectif sur une fenêtre : les rayons lumineux qui pénètrent à travers les carreaux noirciront violemment la plaque sensible, tandis que les sels ne seront pas décomposés dans les endroits correspondant aux châssis de la fenêtre. La délicatesse de ce procédé est telle que les moindres atténuations d'ombre sont fidèlement rendues; chacun peut s'en rendre compte par les images photographiques, aujourd'hui dans les mains de tous. Cependant il faut un certain nombre d'opérations pour arriver à l'image, il faut, comme on dit, *développer* le cliché et ensuite le *tirer*. Nous allons examiner ces différentes manipulations en détail à propos des rayons X.

*Plaques sensibles.* Les rayons X, comme la lumière, ont la propriété d'impressionner la plaque sensible.

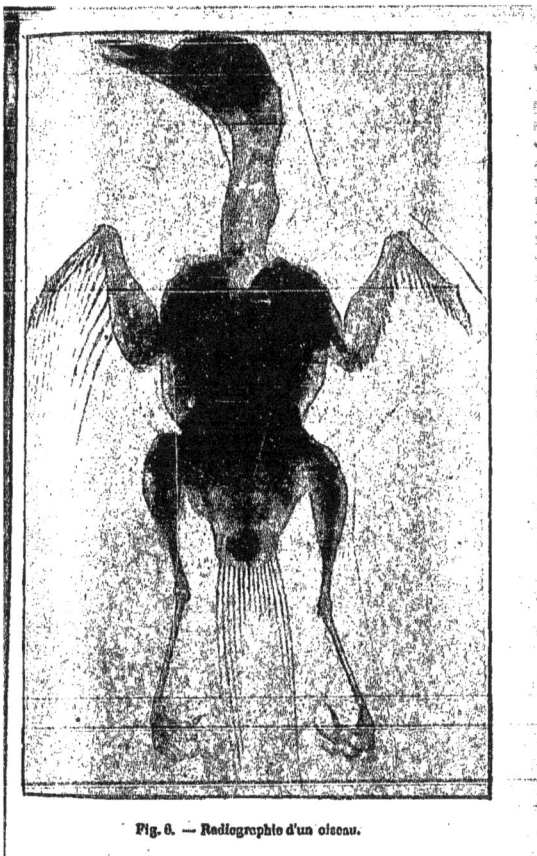

Fig. 6. — Radiographie d'un oiseau.

Comment fabrique-t-on une plaque sensible ? MM. A. Lumière ont imaginé des plaques, que l'on trouve aujourd'hui dans le commerce, si rapidement impressionnées par la lumière qu'elles produisent des images après avoir été exposées moins d'une seconde. Elles sont formées d'une plaque de verre sur laquelle on a répandu en couche uniforme une solution chaude de gélatine tenant en suspension un précipité de bromure d'argent : lorsque cette plaque est sèche, elle est capable de recevoir les impressions lumineuses. Ces opérations se font naturellement à l'abri de la lumière. Pour introduire une plaque sensible dans un châssis qui ne doit être ouvert que dans la chambre noire de l'appareil photographique, si on veut faire de la photographie ordinaire, et qui n'a pas besoin d'être ouvert en radiographie puisque les rayons X ont la propriété de traverser le bois, on opère dans un laboratoire éclairé par une source lumineuse non actinique, la lumière rouge par exemple ; cependant M. Lumière préconise la lumière verte qui a l'avantage de ne pas fatiguer la vue.

Lorsque la plaque sensible a été exposée dans son châssis fermé à l'action des rayons X, il faut la rapporter dans le laboratoire avant l'opération du développement. Si l'on regarde cette plaque à la lumière rouge, on n'aperçoit aucune image, elle ne semble pas avoir été modifiée. Pour faire apparaître cette image, il faut user d'un révélateur.

« Le développement de l'image latente, dit M. Lumière, est basé sur l'emploi de réducteurs énergiques, corps qui ont la propriété de décomposer le bromure d'argent dans les parties seulement qui ont été impressionnées. Ils absorbent le brome du bromure d'argent. L'argent est mis en liberté dans la couche sous forme d'un grain, d'un précipité très fin qui constitue l'image. »

Divers révélateurs peuvent être utilisés pour développer un cliché influencé par les rayons X, parmi lesquels les révélateurs à l'hydroquinone, à la pyrocatéchine, au paramido ou au diamidophénol.

Nous indiquerons seulement la composition du révélateur à l'hydroquinone, le plus fréquemment employé en photographie.

Faire dissoudre dans :

Eau distillée bouillante......... 900 grammes.
Sulfite de soude pur........... 75   —

Puis, après dissolution complète, ajouter :

Hydroquinone................. 10   —
Carbonate de soude pur....... 150   —

Si la solution est versée dans un flacon hermétiquement bouché, elle se conserve à peu près incolore.

Lorsqu'on aura porté au laboratoire le châssis ouvert dans l'obscurité, on le plonge dans une cuvette remplie d'hydroquinone, en ayant soin de placer en dessus le côté gélatiné. On agite légèrement la solution en remuant la cuvette; on voit

7

ainsi apparaître en noir les parties de la plaque qui ont été impressionnées par la lumière des rayons X, tandis que l'ombre des corps opaques apparaît blanche. Le cliché est assez développé lorsque, vu à l'envers, les parties noires apparaissent nettement..

Il faut alors le fixer. En effet, si on ne procédait pas à cette seconde opération, le bromure d'argent, qui dans les parties blanches n'a pas été attaqué par la lumière, se décomposerait aussitôt, dès qu'on exposerait la plaque de nouveau. Pour enlever cet excès de bromure d'argent, on plonge pendant quelques minutes le cliché ainsi développé dans un bain ainsi composé :

Eau................ 1.000 grammes.
Hyposulfite de soude.. 200 —

On lave à grande eau pendant cinq ou dix heures pour enlever les moindres traces d'hyposulfite de soude qui pourraient dans la suite altérer l'image; on laisse ensuite sécher le cliché et l'on a ainsi ce que l'on appelle un *négatif*. Il s'agit d'en tirer l'image, telle qu'elle apparaît en réalité, il faut pour cela en tirer un *positif*.

Les épreuves positives sont produites sur un papier qui est vendu dans le commerce sous le nom de papier sensible. Il est composé d'un papier très pur, sur lequel est étalé une couche d'argent impressionnable à la lumière, et qu'un corps approprié (albumine ou gélatine) maintient adhérente à la feuille.

On préfère sensibiliser maintenant les papiers dits aristotypiques au citrate d'argent. On les fabrique en recouvrant les feuilles de papier d'une émulsion de citrate et de chlorure d'argent dans la gélatine. Les papiers sensibles sont relativement moins impressionnables que les plaques. Les manipulations peuvent donc être faites à la lumière ordinaire sans crainte d'altérer beaucoup les épreuves définitives. De plus, les ombres apparaissent directement sur le papier, et il n'est pas besoin d'employer de révélateur pour les mettre en évidence. Pour tirer une épreuve, il suffit d'exposer à la lumière solaire le cliché sur lequel on a exactement juxtaposé une feuille de papier sensible à la lumière solaire ou diffuse. Les rayons traversent les parties blanches du cliché pour aller obscurcir les parties correspondantes du papier sensible, tandis que les ombres du cliché, arrêtant la lumière, réservent des espaces clairs. Ainsi donc, toutes les parties noires du cliché seront produites en blanc sur le papier sensible et toutes les parties blanches apparaîtront noires. Il s'ensuit que, puisque les parties noires du cliché représentent les parties traversées par les rayons X, l'épreuve finale reproduit le phénomène en sens inverse.

Lorsque l'image est nettement gravée avec tous ses détails sur le papier sensible, on arrête l'exposition et on trempe le papier dans un bain, qui a la double propriété de fixer l'épreuve et de virer vers les couleurs violettes la teinte rose et rouge de l'épreuve primitive.

Ce bain se prépare avec les solutions suivantes :

Solution A.

| | | |
|---|---|---|
| Eau chaude......... | 1.000 | grammes. |
| Hyposulfite de soude.. | 100 | — |
| Acide citrique....... | 2 | — |
| Alun ordinaire....... | 20 | — |
| Acétate de plomb..... | 2 | — |

Solution B.

| | | |
|---|---|---|
| Eau................ | 100 | grammes. |
| Chlorure d'or........ | 1 | — |

On prend 100 centimètres cubes de la solution A pour 6 à 8 centimètres cubes de la solution B, les épreuves sont ensuite immergées dans ce bain et l'opération arrêtée quand le ton désiré est obtenu.

Il faut ensuite laver le papier sensible rapidement, abondamment, et le laisser sécher.

Le dispositif nécessaire à la prise de cliché radiographique est on ne peut plus simple. On relie d'abord à l'une des deux bornes de la bobine de Ruhmkorff chacun des fils de prise de courant, que l'électricité provienne de piles, d'accumulateurs ou d'usines centrales. Des deux bornes qui recueillent le courant induit partent deux fils dont le négatif doit être en rapport avec la cathode du tube de Crookes et le positif avec l'anode ; cette disposition expérimentale est délicate, car, outre que les rayons X ne se produiraient pas dans le champ où ils sont nécessaires, si le courant était renversé, l'ampoule serait d'autre part rapidement détériorée. Il est donc de toute utilité d'être assuré que l'on a bien fixé le fil provenant du pôle négatif à la cathode du tube de Crookes.

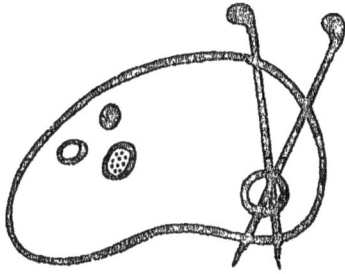

Original en couleur

NF Z 43-120-9

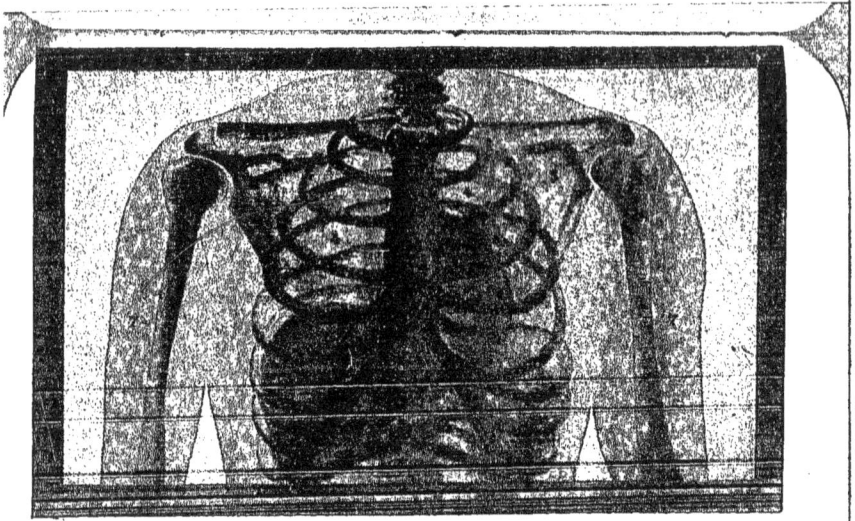

Ombre radioscopique d'un thorax en expiration.

1. Ombre portée par le cœur. — 2. Ombre portée par le foie. — 3. Sternum. — 4. Cavité thoracique : les poumons sont transparents aux Rayons X. — 5. Omoplate. — 6. Humérus. — 7. Masse musculaire du bras. — 8. Colonne vertébrale.

MM. Ducretet et Lejeune ont imaginé un appareil
ingénieux basé sur la fluoroscopie et destiné à vérifier immédiatement le fonctionnement des ampoules, et à se rendre compte du champ d'action des
rayons X : c'est le fluoroscope explorateur. Il se

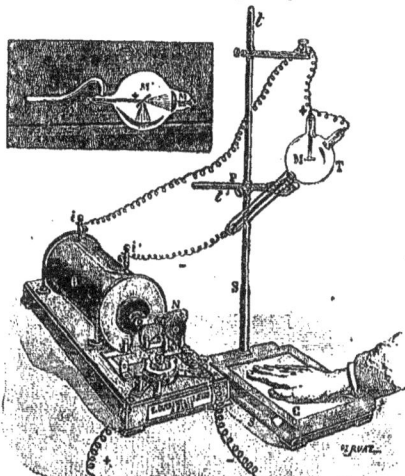

Fig. 7 — Dispositif pour la radiographie.

compose essentiellement d'une petite boîte de
carton de cinq ou six centimètres de diamètre sur
deux ou trois centimètres de hauteur, au milieu
de laquelle est fixé un disque enduit de platinocyanure de baryum.

Un tube viseur embouché à 45 degrés sur cette

boîte permet à un observateur de voir si l'écran
est fluorescent ou non. L'appareil tout entier constitue une véritable chambre noire, et réalise par
conséquent une des variétés de la lorgnette dont
nous parlons plus loin.

En faisant mouvoir le tambour de carton dans
la direction des rayons Rœntgen, on s'assure que

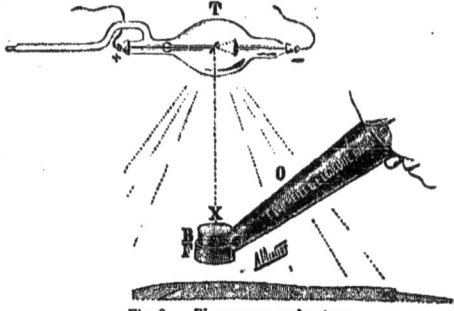

Fig. 8. — Fluoroscope explorateur.

le tube est en fonctionnement si les rayons rendent
fluorescent l'écran intérieur, et on peut mesurer
en même temps l'étendue du champ radiographique et la limite de dispersion des rayons.

Les appareils étant ainsi unis et installés, on
dispose en face du tube de Crookes et perpendiculairement à la surface d'émission des rayons X
une plaque sensible recouverte de papier noir,
sur laquelle on pose les objets à radiographier.

Cette opération peut se faire en pleine lumière,
puisque les rayons solaires ne peuvent traverser

le papier qui protège la plaque sensible. Il est cependant préférable de radiographier dans une demi-obscurité, parce que la fluorescence révélatrice du bon fonctionnement du tube de Crookes apparaît mieux.

Lorsqu'on a à radiographier des objets, on peut disposer sur une table, horizontalement, les châssis, poser directement dessus l'objet en expérience de manière à rendre l'ombre plus adéquate et établir, un peu au-dessus, à une distance variant avec l'étendue de la surface à reproduire de deux à dix centimètres, le tube de Crookes qui est maintenu par un support.

Les temps de pose dépendent naturellement de l'épaisseur des objets à reproduire ; lorsqu'il s'agit de la photographie d'objets d'une épaisseur de deux à trois centimètres, on peut observer en moyenne les temps de pose suivants :

Avec les tubes ordinaires... quelques minutes.
Avec les tubes Focus....... ⎱ de 30 secondes à
Avec le tube Collardeau.... ⎰     3 minutes.

Ces données n'ont rien de précis ; elles sont à chaque instant modifiées par l'état de service des tubes et leur pouvoir émissif.

Dès qu'il s'agit de radiographier des corps animés, la difficulté se complique de la mobilité de l'être en expérience ; lorsqu'il s'agit d'un animal, il faut le fixer solidement. C'est pourquoi on a cherché à réduire le temps de pose.

La distance à laquelle on doit placer le tube de Crookes, lorsqu'on expérimente sur le corps humain, doit être de dix à vingt centimètres pour

la main, le bras, le pied ou la jambe, de trente centimètres pour le genou, de quarante pour le bassin.

Les plaques sur lesquelles doivent se faire les

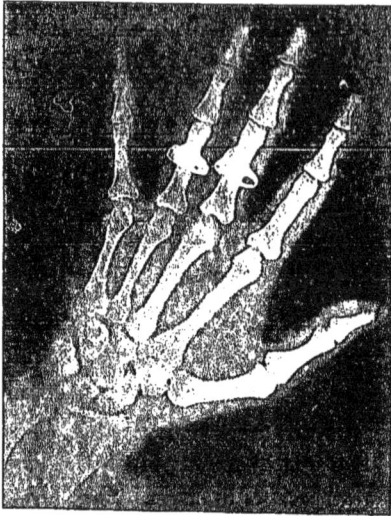

Fig. 9. — Epreuve réduite d'une main radiographiée.

impressions radiographiques devront naturellement être d'une grandeur appropriée.

Nous avons vu que M. Rœntgen avait découvert
les rayons X en observant la fluorescence du platinocyanure de baryum sous l'influence d'un tube

de Crookes. C'est sur cette propriété qu'est basée la fluoroscopie.

Si, dans l'obscurité, on expose un écran enduit d'une substance fluorescente aux rayons de Rœntgen, celui-ci s'éclairera d'une belle lueur verdâtre. Interposons maintenant entre l'écran et l'ampoule de Crookes un corps opaque, et son ombre se découpera sur la luminescence de l'écran. Ce procédé d'observation a, sur la radiographie, l'avantage d'être extemporané. M. Edison, à qui le public a attribué communément la découverte de la fluoroscopie, s'est borné à préconiser le tungstate de calcium comme substance fluorescente. Les corps les plus commodément employés sont donc le *tungstate de calcium*, le *platinocyanure de baryum* et de *potassium*, et une substance organique complexe le *pentadécylparatolylcétone*.

Pour construire un écran fluorescent, il suffit d'enduire de colle une plaque de carton sur laquelle on laisse tomber en poudre fine une substance fluorescente.

Pour fabriquer des lunettes fluoroscopiques, on construit une chambre noire dont le fond est constitué entièrement par un écran fluorescent. Sur la face opposée, deux œillères permettent d'examiner les ombres portées sur l'écran dans l'obscurité nécessaire à la vision.

Jusqu'ici, on éprouvait de grandes difficultés lorsqu'il s'agissait de radiographier les parties épaisses du corps, les malades ayant peine à garder l'immobilité absolue; c'est alors que M. Séguy imagina un nouveau dispositif très ingénieux « *la lorgnette humaine* » qui, par sa simplicité, sa

petite dimension et son prix peu élevé, paraît
atteindre le résultat cherché.

Il mit à profit le phénomène primordial signalé
par Rœntgen : la fluorescence de certains corps
sous l'influence des rayons X.

Quatre accumulateurs enfermés dans une boîte
actionnent une bobine de Ruhmkorff et permettent
d'obtenir le courant électrique suffisant pour illuminer l'ampoule. Un support articulé, placé sur
un côté mobile de cette boîte et soutenant l'ampoule, donne la facilité de l'amener en contact du
corps à examiner. Des fils souples enfermés dans
une enveloppe épaisse en caoutchouc relient le
transformateur aux deux pôles du tube. La partie
à examiner placée devant l'ampoule, c'est alors
que la lorgnette humaine intervient.

Cet appareil est ainsi composé d'une chambre
noire dont un côté est formé par un écran fluorescent, l'autre portant une ouverture pour les
yeux, s'appliquant sur tout le front et permettant
ainsi de voir sans être gêné par la lumière ; M. Séguy
a rendu beaucoup plus fluorescent le platinocyanure de baryum en ne l'employant pas à l'état
cristallisé mais fondu par un procédé spécial dont
il a gardé le secret.

En promenant la lorgnette sur toutes les parties
du corps, on a alors un champ d'observation d'un
grand intérêt. Cet instrument est destiné à rendre
de nombreux services.

Fig. 10.— Vision de l'intérieur du corps avec l'écran de la Lorgnette humaine Séguy.

# NOUVEAU PROCÉDÉ
## DE RADIOGRAPHIE

D'après ce que rapporte la *Réforme*, M. Victor Geets, de Malines, interne des hôpitaux d'Anvers, vient d'apporter une modification qui paraît intéressante aux procédés de radiographie en usage. Voici en quoi cela consiste :

Les rayons X, tels qu'ils étaient employés jusqu'à ce jour, étaient obtenus par le courant induit d'une bobine de Ruhmkorff passant à travers un tube de Crookes. Les installations d'un pareil système nécessitent donc un moteur, une source d'électricité dynamique, c'est-à-dire une dynamo, des accumulateurs, une bobine de Ruhmkorff munie d'un trembleur plus ou moins perfectionné. Le prix de même que l'entretien de tels appareils sont nécessairement élevés, si on veut obtenir des résultats satisfaisants, c'est-à-dire des épreuves bien nettes.

Grâce au procédé nouveau, les frais seraient notablement réduits.

M. Geets substitue l'électricité statique à l'électricité dynamique. A l'aide d'un dispositif spécial, il interpose le tube de Crookes, sans le relier par aucun conducteur, dans le champ électrique d'une machine électro-statique.

Toutes les machines donnent des résultats,
pourvu que leur force soit suffisante (machine
de Wimshurt, Voss, Holtz, etc.). Un moteur fait
tourner les plateaux de la machine et instantanément le tube s'illumine d'une lumière intense,
de la même façon que celui relié aux électrodes
d'une bobine. Le tube se trouvant dans le champ
électrique, soutenu par un support, sans contact
avec la source électrique, donne une lumière qui
ne vacille pas et qui raccourcit le temps de pose.

Quant à la radioscopie, elle est aussi améliorée,
car le tremblement de l'ancienne lumière fati-
guait la vue de l'observateur et exigeait de lui
une assez grande habitude.

# CONDENSEUR DE RAYONS X

M. Gariel présente, au nom de MM. Radiguet et Guichard, la note suivante : « Nous avons l'honneur de porter à la connaissance de l'Académie une nouvelle disposition d'appareils accessoires à la radioscopie et à la radiographie, qui nous permet d'obtenir une grande netteté même pour de grandes épaisseurs, telles que la tête, le thorax et l'abdomen. Ayant constaté l'avantage qu'il y a à arrêter par une feuille de plomb les rayons de Rœntgen, pour empêcher le flou dû à la fluorescence de l'air ambiant, qui agit secondairement sur les plaques sensibles, nous avons pensé qu'il y aurait avantage à généraliser cette précaution le plus possible sur tout le trajet des rayons, depuis leur point d'émission, au sortir de l'ampoule, jusque sur la plaque photographique. Nous avons en conséquence créé une atmosphère confinée par des parois imperméables, ou au moins très résistantes au passage des rayons X (plomb ou autre métal ou surface fluorescente), épousant aussi exactement que possible la forme conique de leur épanouissement. D'autre part, cette forme devant encadrer la plaque photographique placée à l'extrémité opposée à l'ampoule, nous nous sommes résolus à adopter la forme pyramidale, ainsi que le montre le modèle ci-joint que nous avons nommé « Radiocondenseur ». Supposant que ce nom soit démontré impropre (quand celui de X ne conviendra plus aux rayons de Rœntgen), il n'en est pas moins vrai que le résultat immédiat équivaut à une véritable condensation, ainsi que de nombreuses expériences nous l'ont montré et que le prouvent les radiographies ci-jointes. »

### Radiographie dans les hôpitaux.

Après lettre du ministère de l'Intérieur, une commission composée de MM. Bucquoy, Fournier, Laborde, Gariel, rapporteur, chargée d'étudier la question, a proposé à l'Académie de répondre par les conclusions suivantes, qui ont été votées à l'unanimité : il conviendrait : 1º de recommander aux établissements hospitaliers, dans l'intérêt du traitement des malades pauvres, l'application de la radiographie et de la radioscopie ; 2º d'émettre le vœu qu'un laboratoire spécial de radiographie et de radioscopie soit fondé à l'Académie de médecine.

MM. Brouardel, Vallin, Napias et Nocard sont délégués pour représenter l'Académie au Congrès international d'Hygiène de Madrid.

# USAGES MÉDICAUX DES RAYONS X

Transparence du corps humain. — Diagnostic de la pleurésie. — Diagnostic de la tuberculose. — Diagnostic du rhumatisme chronique. — Diagnostic des calculs biliaires et néphrétiques. — Diagnostic de la grossesse.

Lorsqu'au début de la découverte de Rœntgen on exposa les photographies du squelette de la main, il semblait que l'on eût déjà atteint le terme du merveilleux ; mais au fur et à mesure que les tubes de Crookes étaient perfectionnés et devenaient plus puissants, la force de pénétration des rayons augmentait, et on arrivait à déceler des corps étrangers dans l'œsophage et dans l'estomac.

A l'Académie de médecine, le 3 novembre 1896, le professeur A. Fournier signalait dans une note, qu'il avait pu apercevoir des organes internes, mais que la vision radioscopique était un peu « flou ». Dans la suite les tubes de Crookes devinrent trop puissants : l'exposition un peu trop prolongée d'une main donnait un cliché où les ombres s'estompaient, le tissu osseux lui-même ayant été traversé de part en part. Il fallut donc trouver la juste limite et dès lors, comme on connaissait le moyen de produire les degrés extrêmes de la pénétration des rayons X à travers le corps

Fig. 11. — Radiographie d'un fœtus de cinq mois.

8

humain, la chair musculaire la moins dense était d'abord facilement traversée, tandis que les os opposaient aux rayons X la résistance la plus considérable.

La densité des organes étant très inégale, soit en vertu de leur constitution cellulaire, soit à cause de leur richesse sanguine, leurs ombres pourront se dessiner avec plus ou moins d'intensité, si l'on emploie des tubes de pouvoir émissif connu. Mais, les organes internes étant par le fait de la respiration et de la circulation en un mouvement perpétuel, la radioscopie remplaçait bientôt avantageusement la radiographie.

Plaçons dans une chambre obscure devant un écran fluorescent un enfant debout ; derrière lui faisons passer la décharge d'une bobine de Ruhmkorff dans un tube de Crookes placé à peu près au niveau d'une ligne passant par les extrémités inférieures des omoplates : sur l'écran fluorescent, dans une belle lueur jaune verdâtre qui pique les yeux, apparaîtront les silhouettes massives des organes contenus dans le thorax et la cavité abdominale, et la fine charpente osseuse, mais ces ombres sont loin d'être intenses, si nous les comparons aux taches noires produites par les boutons de métal du vêtement; elles s'atténuent les unes dans les autres, et il faut déjà quelque connaissance de l'anatomie du corps humain pour se reconnaître dans ces jeux de luminiscence.

Nous voyons la cage thoracique avec le sternum vertical et l'insertion flexible des côtes, lames minces séparées par des espaces clairs.

Le poumon, en effet, qui est composé d'un des

tissus les plus friables de l'organisme, est à peu
près complétement traversé par les radiations.

Au niveau du sternum, et au centre, se détache

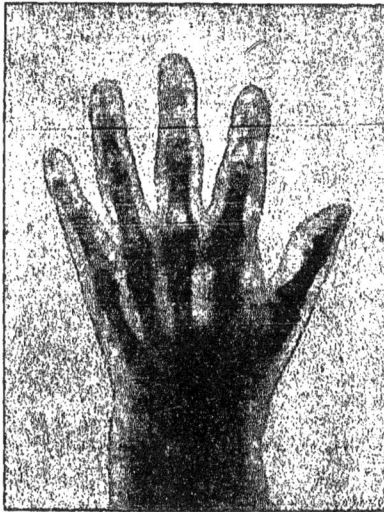

Fig. 12. — Radiographie de la main d'un rhumatisant.

vers la gauche une ombre noire et foncée qui indique la présence du cœur; cette ombre se meut,
se rétracte, s'agite visiblement avec célérité ; immédiatement au-dessous d'elle, et dans la partie
abdominale droite, une grosse masse triangulaire

noire trace la limite du foie qui s'abaisse profondément avec le diaphragme, tandis que les côtes s'élargissent et que la cage thoracique augmente d'amplitude sous l'influence de l'inspiration. L'expiration remet les organes en place, et on voit la masse du foie remonter dans l'épigastre droit. Ce mouvement d'abaissement du foie se produit

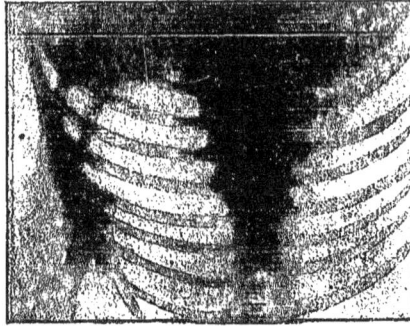

Fig. 13. — Radiographie de la cage thoracique.

une quinzaine de fois par minute tandis que le cœur bat indépendamment 60 à 80 fois.

Dans les mouvements d'inspiration, les poumons gorgés de sang deviennent peu à peu plus réfractaires au passage des rayons X, et s'obscurcissent. Dans les mouvements d'expiration, ils s'éclaircissent de nouveau. Ces alternatives d'intensité lumineuse, liées aux mouvements des organes, laissent discerner la physiologie de l'organisme.

A gauche du foie, une tache un peu plus claire, mais aux contours sinueux et nettement délimités, marque la place de l'estomac. La masse intestinale est confuse, et ses ombres sont altérées par l'épaisseur des paquets de graisse qui s'y répartissent inégalement.

C'est bien l'un des spectacles les plus étranges, que l'apparition soudaine de tout cet ensemble d'abord indiscernable qui répond au bruit sec de l'étincelle électrique.

Dans ce corps que la mort semble avoir décharné, dont aucune enveloppe extérieure n'a résisté, le mouvement régulier de la vie apparaît indifférent dans ce milieu de vapeurs sulfureuses.

Voici la communication que M. Bouchard fit à l'Académie des sciences le 7 décembre 1896.

« Si l'on place le thorax d'un homme bien portant entre le tube de Crookes et l'écran fluorescent, on sait qu'on voit apparaître sur un écran le squelette du thorax, figuré par une bande noire verticale à bords parallèles et de chaque côté par des bandes obliques moins foncées représentant les côtes. De plus, on voit à droite de la colonne, vers le milieu de la région dorsale, une ombre portée par le cœur où l'on peut discerner les battements. Enfin l'ombre portée par le foie avec sa convexité supérieure monte et descend dans la cavité thoracique, suivant les mouvements respiratoires. En dehors de ces ombres, tout le reste du thorax apparaît enclavé également des deux côtés. Le médiastin masqué par la colonne n'apparaît pas.

« Chez trois hommes atteints de pleurésie

droite avec épanchements, j'ai constaté que le
côté du thorax, occupé par le liquide pleurétique,
présente une teinte sombre qui contraste avec
l'aspect clair du côté sain ; que si l'épanchement
ne remplit pas la totalité de la cavité, le côté de
ce sommet reste clair, et que la teinte sombre dessine la limite supérieure de l'épanchement, telle
qu'elle est établie par la percussion et par les
autres moyens de l'exploration physique ; que la
teinte sombre se fonce de plus en plus à mesure
qu'on l'observe en descendant de sa limite supérieure, où l'épanchement est plus mince, vers les
parties inférieures où il est plus aisé et où son
ombre se confond avec celle du foie.

« J'ai reconnu de plus que, dans ces trois cas
de pleurésie droite, le médiastin, qui n'est pas
apparent à l'état normal, porte une ombre à gauche de la colonne, et figure un triangle à sommet
supérieur, et dont la base se continue avec le
cœur.

« Ce triangle est l'ombre portée par le médiastin déplacé par la poussée latérale de l'épanchement et refoulé vers le côté clair du thorax.

« Dans un quatrième cas où l'épanchement
n'existait plus, mais avait laissé à sa suite une
rétraction du côté malade, c'est de ce côté que le
médiastin déplacé faisait ombre.

« Assurément le diagnostic peut être fait aussi
sûrement et aussi complètement par les procédés habituels de l'exploration, et l'application de
cette méthode est soumise à des conditions qui en
rendent l'emploi peu pratique. Mais, sans compter
la précision plus grande que la radioscopie donne

à la constatation des déplacements du médiastin,
elle a surtout l'avantage de faire contrôler une
méthode par une autre, un sens par un autre. Elle
a surtout l'avantage précieux pour l'enseignement,
de pouvoir faire constater simultanément et d'un
seul coup d'œil, par toute une assemblée, l'existence, l'étendue, la profondeur d'un épanchement
dont chacun pouvait assurément se rendre compte
à l'aide de la percussion, mais seulement d'une
façon fragmentée par cette exploration person-
nelle.

« Je crois inutile d'indiquer les applications
qui se présentent à l'esprit et qui peuvent introduire la radioscopie dans l'étude d'autres épanchements ou même dans la recherche des changements de volume, de forme ou de densité, que
la maladie peut produire dans les parties profon-
des; nous sommes en droit d'espérer que l'exploration par les rayons Rœntgen ne rendra pas à la
médecine de moindres services qu'à la chirurgie. »

En renouvelant l'étude des cas de pleurésie qui
avaient fait l'objet de ma précédente communication, j'ai vu la teinte claire du sommet du thorax
augmenter d'étendue, en même temps que l'épanchement se résorbait. Chez l'un de ces malades
cependant, l'opacité persistait au sommet, tandis
que la plaque apparaissait claire vers le milieu du
côté où manifestement l'épanchement diminuait.
Enfin, la résorption de cet épanchement étant
presque complète, le sommet restait toujours obscur. Ce fait, qui ne s'était pas observé dans les
deux autres cas, me donna à penser qu'il y avait

condensation du tissu pulmonaire au sommet du poumon du côté malade. La percussion et l'auscultation confirmèrent cette prévision, et révélèrent l'existence d'une infiltration commençante, que l'épanchement avait d'abord masquée. Cette tuberculose pulmonaire avait été révélée par l'examen radioscopique.

Chez tous les tuberculeux que j'ai examinés à l'aide de l'écran fluorescent, j'ai constaté l'ombre des lésions pulmonaires; son siège était en rapport avec les délimitations fournies par les autres méthodes de l'exploration physique, son intensité était en rapport avec la profondeur de la lésion. Dans deux cas, des taches claires, apparaissant sur le fond sombre, ont marqué la présence de cavernes vérifiées par l'auscultation. Mais, dans d'autres cas, où l'auscultation faisait reconnaître l'existence d'excavations, celles-ci n'ont pas été vues à l'examen radioscopique. Chez un malade, les signes généraux et la toux faisaient soupçonner un début de tuberculose, mais l'examen de l'expectoration ne montrait pas de bacilles, et les signes physiques ne permettaient pas de porter un diagnostic certain. La radioscopie a montré que le sommet de l'un des poumons était moins perméable; et quelques jours après, l'auscultation comme l'examen bactériologique ne laissaient pas le moindre doute.

Dans les maladies du thorax, la radioscopie donne des renseignements de tous points comparables à ceux de la percussion. L'air pulmonaire qui se laisse traverser par les rayons de Rœntgen sert de caisse de renforcement aux bruits de la percussion. Quand l'air est chassé du poumon, plus ou moins complètement, par un liquide épanché ou par un tissu morbide infiltré, la clarté radioscopique du thorax diminue ou fait place à une obscurité plus ou moins complète, et en même temps, la sonorité normale s'atténue et peut être remplacée par la submatité ou par la matité absolue.

Le 18 janvier 1897, M. Potain présentait à l'Institut en son nom et celui de son externe, M. Lerbanesco, une série de radiographies des extrémités chez des sujets atteints de goutte et de rhumatisme chronique :

« Tandis que, chez ces derniers, l'ostéite condensante des extrémités osseuses donne à celle-ci une opacité plus grande, chez les goutteux, au contraire, on remarque, au niveau des extrémités des phalanges et des métacarpiens, parfois même sur le corps de l'os, des taches blanchâtres entourées le plus souvent d'une étroite auréole foncée. Ces résultats ont été obtenus sur le suivant.

« Des radiographies de pièces osseuses provenant de goutteux montrent que ces taches translucides tiennent, non à un amincissement ni à une raréfaction du tissu osseux, mais à la présence de tophus faisant saillie à la surface de l'os ou à la transformation de la substance osseuse elle-même.

« Cette transformation paraît être la substitution des urates au phosphate de chaux qui entre normalement dans la constitution des os.

« Comparant entre eux les différents sels qui entrent dans cette composition, les présentateurs, en effet, ont trouvé qu'ils sont inégalement per-

méables aux rayons de Rœntgen. Le phosphate
de chaux, le carbonate de chaux, le chlorure de
sodium le sont extrêmement peu. La soude et la
magnésie le sont davantage; et l'urate de chaux
encore beaucoup plus. En se servant de deux petites boîtes de carton accolées, l'une en forme de
parallélipipède, l'autre de prisme très allongé de
même longueur et de même hauteur de base, le
premier rempli d'urate de chaux, l'autre de phosphate de chaux tribasique, et les soumettant simultanément à la radiographie, il a été facile de
constater que l'urate de chaux est huit fois plus
transparent que le phosphate, car l'unité de teinte
des deux photographies ne se trouve que dans le
point où l'épaisseur de ce dernier est huit fois
moindre que celle de l'autre. On comprend par
lui que les points de l'os où les urates se substi-
tuent aux phosphates deviennent beaucoup plus
transparents.

« On conçoit également que l'ostéite condensante,
provoquée par ces dépôts dans leur voisinage, détermine la formation des zones relativement opaques.

« La radiographie pourra donc aider le diagnostic, dans les cas où il y aura doute entre la goutte
et le rhumatisme chronique osseux.

« Chez les sujets affectés de nodosités d'Heberden, lésions dont la nature goutteuse est encore
un sujet débattu, on trouve, au niveau des phalanges, des taches transparentes fort distinctes,
qui semblent devoir trancher le différend en faveur
de ceux qui admettent la goutte comme origine
première de cette affection. »

D'autre part MM. Oudin, Barthélemy et Béclère
ont présenté une série d'épreuves radiographiques qui montrent des mains normales de jeune

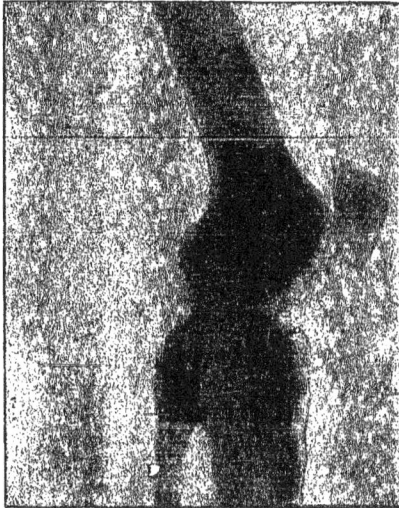

Fig. 14. — Articulation du genou.

homme et de vieillard, des mains et des pieds
atteints de goutte ou de rhumatisme chronique
progressif. A l'état normal, les cartilages articulaires sont transparents aux rayons X, et les
extrémités articulaires des os, figurés en noir,

sont séparées par une zone claire en forme de bande bien régulière de 1 à 8 millimètres de lar-

Fig. 15. — Déplacement du scaphoïde. (Cliché de G. Brunel.)

geur. Ces espaces clairs persistent à l'état de santé même dans un âge avancé. Ils persistent égale-ment dans la goutte; ce qui caractérise l'aspect des lésions goutteuses, c'est la présence des tophus

qui apparaissent comme des taches d'une teinte
relativement blanche, sur le fond sombre du
tissu osseux. Les espaces clairs interosseux au niveau des jointures disparaissent au contraire de
bonne heure dans le rhumatisme chronique progressif, même chez les sujets jeunes, et cette disparition constitue, avec l'hypertrophie et la défor-
mation des extrémités articulaires des os, le signe
distinctif que fournit la méthode de Rœntgen
pour le diagnostic du rhumatisme déformant.

Enfin la radioscopie n'a pu révéler des ané-
vrismes aortiques, des plaques calcaires d'une
aorte en dégénérescence scléreuse, l'hypertrophie
du cœur, et des tumeurs variées. Mais une des
applications dont l'importance est égale à celle
que nous avons déjà examinée est le diagnostic
des calculs biliaires et néphrétiques.

M. d'Arsonval a présenté à l'Académie de médecine des expériences faites par MM. Gaiffe et La-
vaux, indiquant la possibilité de diagnostiquer
avec précision la place et la nature des calculs des
voies urinaires. .

Non seulement on pourra affirmer qu'il existe
un calcul dans le rein, dans l'uretère ou dans la
vessie, mais on pourra encore dire quelles sont
les substances qui composent ce calcul, s'il est
homogène ou formé de couches de compositions
différentes, si le noyau est petit ou volumineux,
quelle est la composition de ce noyau. L'acide urique et l'urate de soude sont en effet beaucoup
moins transparents que les phosphates ammoniaco-
magnésiens, et, comme les indications opératoires
varient essentiellement avec la nature primitive

ou secondaire des calculs, la chirurgie ne peut que profiter de ces investigations préalables.

Enfin MM. Pinard et Varnier ont récemment tenté de diagnostiquer la position du fœtus dans l'utérus gravide, grâce aux points de repère osseux faciles à trouver. Il faudra cependant un perfectionnement délicat de la méthode pour se rendre compte du sexe de l'enfant avant sa naissance, et, d'ailleurs, cela ne pourrait se faire que dans les derniers mois de la grossesse. On peut prédire dès aujourd'hui les bons résultats de cette nouvelle application.

# USAGES CHIRURGICAUX
## ET ANATOMIQUES

Les corps étrangers. — Détermination de la position d'une balle dans le crâne et dans la jambe. — Les études anatomiques. — Les accidents causés par les rayons X.

Le diagnostic chirurgical peut être notablement éclairci par l'emploi de la radioscopie.

Les cas sont multiples auxquels la nouvelle méthode fut déjà appliquée, soit pour trouver un corps étranger (pièce de monnaie) dans l'œsophage, soit pour se rendre compte de la position d'un projectile.

M. Berger, à l'Académie de médecine (27 avril 1897), présentait une observation de MM. les Drs Faivre, Malapert et Latrille, professeurs à l'Ecole de médecine de Poitiers, montrant une application intéressante des rayons de Rœntgen pour retrouver une épingle avalée depuis cinq semaines.

« Le 8 mars dernier, cet enfant de deux ans et demi est amené à MM. les Drs Faivre et Malapert : cinq semaines auparavant, il a avalé une épingle en laiton, de grandeur moyenne, très pointue; un vomitif, des purgatifs répétés n'ont pas fait sortir le corps étranger.

« Depuis ce moment, la tête est restée fléchie en

avant, le menton est appuyé sur le sternum ; puis, la position s'est modifiée, et actuellement la tête est fortement inclinée vers l'épaule gauche. Toutes les tentatives pour modifier cette attitude provoquent une vive douleur. Il n'y a ni gêne respiratoire, ni même aucun trouble apparent de la

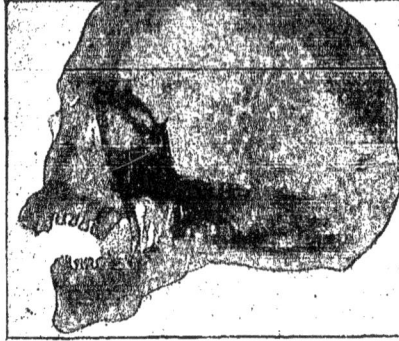

Fig. 16. — Radiographie du crâne.

déglutition : néanmoins l'enfant se nourrit mal et dépérit.

« L'examen du pharynx est rendu impossible par l'indocilité du petit malade : MM. Malapert et Faivre se décident alors à donner du chloroforme et à soumettre l'enfant à l'application des rayons Rœntgen.

« Cette photographie permet de voir le squelette de la face et du cou. On constate une première

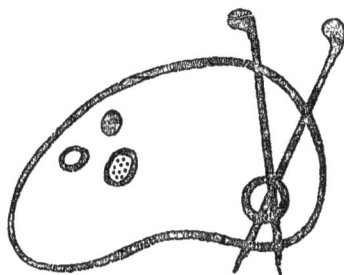

Original en couleur

NF Z 43-120-0

Radiographie d'une patte de chienne danoise obtenue par MM. Porcher et Parnit à l'Ecole vétérinaire d'Alfort. (Extrait de l'ouvrage de M. G. H. Niewenglowski, Technique et application des Rayons X.)

ligne noire, située sur la partie moyenne du cou et fournie par un morceau de fil de cuivre placé là comme point de repère. Beaucoup plus haut, voilée par l'ombre portée du maxillaire inférieur, se voit une deuxième ligne noire, moins nette, dirigée de haut en bas et d'avant en arrière. Celle-ci indiquait nettement la présence, dans la partie moyenne du pharynx, d'un corps étranger métallique filiforme.

« Guidé par cette constatation, M. le D' Malapert put, le 10 mars au matin, après avoir endormi l'enfant de nouveau, porter le doigt, puis une pince courbe dans le pharynx, et retirer l'épingle qui s'était fortement implantée dans la paroi latérale gauche de cette cavité, en arrière du pilier postérieur correspondant.

« Cette observation est intéressante à cause des difficultés qui rendaient l'exploration directe du pharynx impossible sans anesthésie, et en raison des indications que la radiographie a pu donner sur la situation précise du corps étranger. »

Mais une difficulté subsistait : la radiographie ne donne que sur un plan l'image des corps. Aucun relief ne met en valeur les lignes principales. Il devient donc assez difficile de trouver l'endroit exact où s'est logé un projectile dans le crâne, par exemple, la partie du corps la plus impénétrable.

C'est pour remédier à cet inconvénient qu'un professeur de la Faculté de médecine, M. Rémy, a imaginé un appareil ingénieux, qui fut présenté à l'Institut par M. le professeur Marey.

« MM. Rémy et Contremoulins ont appliqué

9

l'an dernier la radiographie sur un malade rendu aveugle par une balle de revolver logée dans le crâne. Le projectile, entré par le temporal droit, devait, d'après les signes cliniques, se trouver sur le trajet du nerf optique gauche. Une épreuve radiographique montra en effet qu'un projectile du calibre de 6 à 7 millimètres semblait occuper, à l'intérieur du crâne, la fosse qui sépare les deux orbites et qui paraissait être logé en avant du chiasma des nerfs optiques et en arrière de la lame criblée de l'ethmoïde.

« L'opération faite récemment sur ces données sommaires montre que le projectile n'était pas exactement à l'endroit supposé.

« L'opérateur put insinuer son doigt entre le cerveau et le crâne, mais il explora vainement la fosse inter-orbitaire jusqu'à la selle turcique, la face inférieure du lobe antérieur du cerveau et même la lame criblée de l'ethmoïde. Au cours de cette exploration, le chirurgien croit avoir senti le projectile hors du crâne, à la partie profonde de l'orbite.

« Cette première opération, qui heureusement n'a pas eu de mauvaises suites pour le malade, n'a donc pas atteint le but proposé, parce que la radiographie n'a pas déterminé avec assez de précision la place du projectile.

« Pour éviter à l'avenir de pareilles incertitudes, M. Rémy engage M. Contremoulins à perfectionner le mode d'emploi des rayons X. Celui-ci, après quelques essais, annonça qu'en recourant à la méthode de lever des plans du colonel Laussedat il déterminerait exactement la position du projectile par rapport à trois points fixes pris à l'extérieur du crâne, et que, sur ces données, il pourrait même construire un instrument spécial qui conduirait à coup sûr une tige mousse sur le projectile lui-même.

« Avant d'appliquer sur le vivant la méthode proposée, M. Rémy la voulut soumettre à une épreuve décisive.

« Dans un crâne sec, une balle de revolver fut introduite par le trou occipital. Cette balle, entourée de coton enduit de colle, se fixa à l'intérieur du crâne en un lieu inconnu de l'opérateur; c'est ce lieu qu'il fallait déterminer d'une manière précise. Voici comment M. Contremoulins procéda.

« Deux planches étant assemblées entre elles à angle droit, on a fixé à l'intérieur de cet angle des gabarits de bois dont le contour épouse exactement la forme du crâne, depuis le haut du front jusqu'au milieu de l'occipital.

« Cet assemblage étant fixé au crâne d'une manière immuable, on adapte sur l'un des côtés un châssis photographique pouvant recevoir des plaques de la dimension $24 \times 30$. De l'autre côté du crâne, des supports vissés au bâti portent deux tubes de Crookes perfectionnés, situés à $0.28^{c/m}$ l'un de l'autre. En faisant agir tour à tour chacune de ces lampes, sur une plaque sensible, les rayons émanent de sources assez éloignées l'une de l'autre pour donner les intersections de projections nécessaires à construire une épure géométrique.

« Or, sur le crâne en expérience, M. Contremoulins a fixé extérieurement trois points métalliques, l'un au front, et les deux autres sous les orbites. Ces trois points et le projectile donneront leurs images sur des plaques radio-photographiques, et ces images y occuperont des positions différentes, suivant que, pour les obtenir, on se sera servi de l'un ou l'autre des tubes de Crookes.

« D'autre part, les châssis photographiques portent intérieurement et extérieurement des repères destinés à déterminer la position exacte de la plaque par rapport à l'ensemble du dispositif. Enfin, l'opérateur se plaçant à une certaine distance du crâne en expérience et des dispositifs qui viennent d'être décrits, on prend deux images photographiques ordinaires, chacune faite d'un lieu bien déterminé.

« L'ensemble des documents ainsi obtenus, c'est-à-dire les deux clichés radiographiques et les deux épreuves photographiques prises par deux points déterminés, permet de construire, par la méthode du colonel Laussedat, une épure à l'échelle de 1/10. Il n'y a pas lieu d'entrer dans le détail de cette opération qui est décrite dans les traités spéciaux. Tout ce que le chirurgien doit demander à cette étude, c'est la connaissance bien précise de la position du projectile par rapport aux points de repère extérieurs du crâne.

« D'après l'étude géométrique, M. Contremoulins construit un petit appareil schématique très démonstratif. Il est formé d'une plate-forme sur laquelle s'élèvent quatre colonnes dont les positions et les hauteurs soient telles que les sommets des trois premières colonnes représentent dans l'espace les positions relatives des trois points de repère antérieurs au crâne, le point frontal et les deux points sous-orbitaires, tandis que le sommet de la quatrième colonne représente la position du centre de la balle.

« Ces documents étant obtenus, M. Contremoulins construisit un appareil très simple, chercheur de projectile, qui va permettre de porter une tige mousse sur le projectile lui-même en passant par le chemin que le chirurgien désignera comme le plus favorable pour pénétrer jusqu'à lui et pour l'extraire. Ce chercheur est analogue par sa forme à celui qu'on désigne chez les sculpteurs sous le nom de compas de praticien. Il se compose de quatre branches dont trois sont fines et disposées de manière à s'appliquer chacune sur l'un des sommets des colonnes qui, dans le schéma, représentent les points de repère du crâne. La quatrième branche, flexible en tous sens, porte un tube au travers duquel glisse une tige mousse.

« On oriente cette branche, et l'on fait glisser cette tige de telle sorte que son extrémité vienne s'appliquer sur le schéma, au sommet de la quatrième colonne, au point que présente la position du projectile.

« Transportons maintenant le chercheur du schéma sur le crâne, il va trouver de lui-même la position du projectile. Pour cela, plaçons les trois branches fixes du chercheur sur les trois repères de la face, la quatrième branche devra, par son extrémité, venir toucher la balle. Et, en effet, M. Rémy ayant scié la calotte crânienne, le compas mis en place est venu de lui-même frapper par sa quatrième branche le centre du projectile.

La démonstration ne laisse donc rien à désirer.

« Si l'on opérait sur le vivant, de légères variantes devraient être apportées aux dispositions qui viennent d'être décrites. Les repères de la face devraient être marqués au moyen de petites demi-sphères métalliques et, par conséquent, impénétrables aux rayons X. En outre, pour conserver jusqu'au moment de l'opération la trace de ces repères, un tatouage indélébile devrait les marquer sur la peau.

« Pour l'adaption des appareils radiographiques, la tête du sujet préalablement rasée serait scellée à l'appareil au moyen de toile plâtrée, de sorte que, pendant la longue pose exigée par la radiographie, les mouvements généraux du malade n'altèrent pas les rapports de sa tête avec les appareils.

« Enfin, suivant les indications particulières dépendant de la position du projectile, le chirurgien indiquerait la voie qu'il prétend suivre pour aller le chercher, ce qui permettrait de donner à la quatrième branche du chercheur la direction et la courbure convenables pour aller par cette voie toucher le projectile. »

Signalons, en passant, que cet appareil, qui coûterait environ deux mille cinq cents francs, n'a pu être construit dans un laboratoire de l'État : cette grosse dépense excéderait les limites imposées par le budget. Voilà dans quelles conditions on travaille en France.

Enfin MM. Rémy et Contremoulins ont utilisé les rayons de Rœntgen aux études anatomiques faites sur le cadavre. Si fouillée que soit la science de l'anatomie, il est cependant des rapports que l'on ignore, spécialement dans la disposition des artères. Le professeur Marey avait émis l'idée de rendre le système vasculaire opaque pour les rayons X en l'injectant avec une substance contenant en suspension des poudres métalliques. M. Rémy et son collaborateur ont injecté dans les vaisseaux avec une seringue anatomique un liquide composé de cire à cacheter les bouteilles,

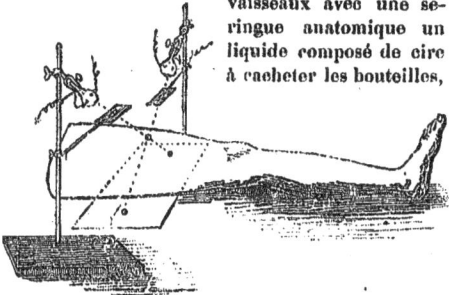

Fig. 17. — Dispositif de Georges Brunel pour la détermination d'un corps étranger dans l'organisme.

chauffée, additionnée d'alcool et de poudre très fine de bronze. Par ce procédé, les houppes vasculaires de la pulpe des doigts ont pu être nettement dessinées sur les épreuves radiographiques; c'est donc là une méthode d'un grand avenir pour les anatomistes dont le scalpel ne peut mettre en évidence des détails aussi infimes.

A côté du dispositif imaginé par M. Contremoulins pour déterminer la place exacte d'un projectile, M. G. Brunel, par un procédé simple et ingénieux, est arrivé au même résultat.

Son dispositif a l'avantage de déterminer immédiatement la position du projectile, sans aucune
souffrance pour le patient, et à l'aide d'une seule
opération.

« Soit une balle de revolver reçue dans la cuisse.
On dispose le membre malade comme il est indiqué sur la figure. On dispose deux ampoules au-
dessus des petits diaphragmes en verre ou en

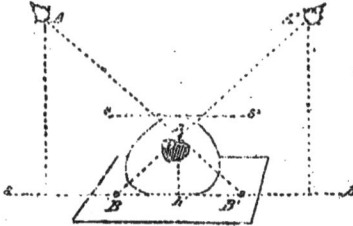

Fig. 18. — Détermination graphique par le procédé G. Brunel,
de la position d'un corps étranger.

métal, et dessous le membre, une plaque photographique.

« Les ampoules seront montées en tension, c'est-
à-dire que l'anode de l'une sera reliée à la cathode
de l'autre, et les fils de la bobine seront attachés
aux électrodes opposées de chacune des ampoules.

« Cette disposition donne de très bons résultats
et la résistance intérieure inégale de chaque ampoule n'entre pas en jeu pour produire une intensité différente du bombardement cathodique. Une
fois l'opération terminée on aura donc sur la

plaque la projection de la balle en deux endroits différents. Les ombres seront projetées en AB' et A'B sur la figure. On aura les images en B et B'. Il ne restera qu'à mesurer la distance des ampoules AA' ; reporter cette mesure, toutes proportions gardées, sur une feuille de papier comme c'est indiqué sur le schéma. La hauteur $hh'$ du triangle B$h$B' mesurée de $h$ à $h'$ donnera la situation exacte du corps étranger C dans la partie O ou sa distance à la ligne tangente $ss'$. »

On doit également à M. Brunel un dispositif très utile permettant de simplifier la pratique de la radiographie et de gagner du temps lorsque l'on désire radiographier une partie bien déterminée d'un organe.

Toutes les personnes qui se sont occupées de radiographie n'ignorent pas que, pour obtenir un résultat convenable, il faut tirer trois ou quatre clichés.

Le *doseur de M. Brunel* met dans les mains de l'opérateur un instrument lui permettant d'éviter tous tâtonnements.

Il se compose d'une plaque métallique portant cinq ouvertures dont quatre peuvent être obturées à l'aide d'un volet de même métal. On entoure la plaque d'un cadre en bois.

Supposons que nous voulions radiographier un organe déterminé ; le doseur est placé au-dessous de l'ampoule ; on ouvre toutes les ouvertures et on pose pendant un temps déterminé ; on ferme un volet et on pose pendant le même temps ; on continue ainsi jusqu'à ce que l'on ait obturé les quatre ouvertures.

Lorsqu'on aura terminé l'opération, la partie pour laquelle on aura fermé le dernier volet aura posé pendant un temps cinq fois plus grand que la première, et les autres en proportion ; on développera la plaque et le cliché présentera cinq régions circulaires très nettes ; il restera à choisir le temps de pose d'après la partie la plus évidente.

Les premiers méfaits des rayons X attirèrent peu l'attention. On citait comme une curiosité le cas d'un jeune employé de la maison Gaiffe qui avait bien voulu se prêter, pour une radiographie du crâne, à poser près d'une ampoule de Crookes. Il avait eu à la tempe une sorte de coup de feu et les cheveux étaient tombés. Cette place resta longtemps épilée.

Depuis des troubles trop nombreux ont été signalés pour que les manipulations radiographiques n'exigent pas de précautions.

Les rayons X sont moins redoutables depuis qu'on a diminué le temps de pose, et seuls les professionnels sont exposés à quelques accidents.

Néanmoins ils ont été assez graves dans quelques cas.

Un employé d'une maison d'électricité fut préposé pendant six mois au service de la photographie par les nouveaux rayons. Après quelques semaines pendant lesquelles il restait exposé plusieurs heures par jour à l'action d'un tube de Crookes, il remarqua sur ses doigts de nombreuses petites ampoules de couleur noire. Peu à peu, la peau rougit et l'irritation devint si insupportable que le malheureux, pour remédier à la douleur cuisante, plongeait à tout moment ses mains dans de l'eau très froide. Puis la peau sécha, devint insensible et desquamma. Mais la nouvelle peau passa par la même série de symptômes et l'extrémité des doigts se tuméfia si considérablement que la peau tendue semblait devoir éclater. La douleur ne cessa que lorsque les ongles tombèrent en laissant écouler un liquide fétide.

Ce cas n'est pas une rareté. M. Gilchrist qui a recherché tous les cas connus n'est pas arrivé à un total de plus de vingt-trois cas. Parmi ceux-ci, il en est un de personnel qui présente un vif intérêt. La lésion, comme précédemment, n'était plus seulement dermique, mais s'étendait dans la profondeur. Les phalanges furent atteintes, les mouvements des articulations difficiles et douloureux; en un mot, il y eut nettement de l'ostéite et de la périostite.

Le Dr Crœker rapporte le cas d'un jeune homme dont l'épigastre fut placé à 12 centimètres d'un tube de Crookes pendant une heure. On voulait radiographier sa colonne vertébrale. Le lendemain de l'opération, la peau prit une coloration sensiblement rouge au niveau de la région qui avait été soumise aux radiations. Au neuvième jour, des vésicules se formèrent et, en quarante-huit heures, envahirent tout l'épigastre. Elles ne tardèrent pas à s'ouvrir, laissant à découvert des excoriations qui restèrent longtemps douloureuses. Deux mois après, il existait encore un ulcère grand comme une pièce d'un franc.

M. Lannelongue a rapporté à l'Académie l'observation d'une jeune fille nerveuse de seize ans,

qui, à la suite d'une exposition abdominale de vingt
minutes au tube, eut un abcès réfractaire dont la
cicatrisation lui laissa des douleurs intolérables.

L'excès même de ce cas doit nous faire incri-
miner le terrain nerveux de la malade, beaucoup
plus que l'action directe des rayons X.

Quoi qu'il en soit, les rayons, par un mécanisme que nous ignorons, produisent les mêmes
effets que les névrites périphériques : eschares,
pseudo-gangrène, asphyxie locale. Peut-être le
tissu nerveux est-il directement touché, et les
tissus qu'il commande mis, par ce fait, en inférió-
rité nutritive. Peut-être aussi les rayons agissent-
ils sur les tissus eux-mêmes, en opérant une
véritable électrolyse.

Il semble y avoir là une véritable action d'électricité moléculaire. M. Bordier, en effet, au cours
de ses expériences sur les rayons X, observa que,
sous leur influence, la pression osmostique était
très diminuée.

On sait que, pendant le phénomène de l'osmose,
une différence de potentiel, vraisemblablement
très faible, se produit entre les deux faces du
septum à travers lequel s'effectue le passage des
liquides. M. Bordier s'est demandé si les actions
électro-capillaires produites par les courants d'endosmose et d'exosmose peuvent être modifiées par
les radiations de Rœntgen. Ayant donc soumis à
l'action d'un tube de Crookes un osmomètre
construit en bois mince paraffiné pour qu'il fût
transparent aux rayons X, il put observer très
nettement que l'ascension du liquide était ralentie chaque fois qu'on actionnait le tube focus.

Ce phénomène n'est pas dû au champ électrique, puisqu'il n'est pas modifié par l'interposition d'une mince lame d'aluminium reliée au sol.

Le ralentissement des phénomènes d'osmose est dû probablement à l'influence perturbatrice des rayons X sur les actions électro-capillaires dont le parchemin est le siège pendant l'osmose.

Un grand nombre des échanges intercellulaires se réalisent chez l'être vivant par voie endosmotique, il est possible, lorsqu'un faisceau de rayons X traverse pendant un certain temps une région de l'organisme, que les échanges des liquides entre les cellules soient ralentis, et que la nutrition des tissus se trouve ainsi plus ou moins altérée. C'est peut-être là l'explication de quelques effets thérapeutiques des rayons X.

Cependant, des expériences de Meldioux et Thouvenin, il semblerait résulter que les rayons X hâtent plutôt qu'ils ne retardent la germination des plantes : des graines de liseron, de cresson et de millet, exposées aux radiations de Rœntgen, ont crû avec une surprenante activité. En outre, comme les plantules, au sortir de la graine, offraient la coloration jaune pâle habituelle, les rayons X paraissent ne pas influencer la formation de la chlorophylle. Mais les phénomènes osmotiques qui commandent la physiologie végétale s'exercent peut-être avec une intensité moindre que chez les animaux.

# RADIOTHÉRAPIE

Avivement osseux. — Traitement de la tuberculose. — Traitement du cancer. — Action sur les bactéries.

L'action irritante des rayons X sur les tissus devait nécessairement faire penser à leur action curative possible.

M. Bouchard, pensant que l'irritation devait être plus accentuée dans les tissus qui ne se laissent pas traverser et, par conséquent, absorbent les rayons X, songea à les appliquer aux régénérations osseuses.

M. Bouchard prit un jeune homme lymphatique dont les os étaient en mauvais état de nutrition. Ce sujet avait eu accidentellement une fracture du fémur. Ordinairement, chez un blessé jouissant d'une bonne santé, il suffit de maintenir le membre dans l'immobilité : le tissu osseux prolifère, comme le tissu cicatriciel au niveau d'une coupure, et produit ce que l'on appelle un *cal osseux*. Les deux fragments de l'os sont alors solidement réunis. Dans le cas qui nous occupe, le malade, de par sa diathèse, n'arrivait pas à consolider sa fracture. Il fut soumis aux rayons X et l'on put rapidement constater que le tissu osseux proliférait à souhait. Cependant, il n'est pas assez

démontré par une seule expérience, que ce béné-
fice est dû à l'action des rayons X.

Dans un autre ordre d'idées, d'autres essais
furent tentés, que nous rapporterons exactement.

Le 22 juin 1896, M. Lortet, doyen de la Faculté
de médecine de Lyon, adressait à l'Académie des
sciences une note sur l'atténuation de la tuberculose par l'action des rayons de Rœntgen. Il se
basait sur une expérience fort simple. Ayant ino-
culé la tuberculose à huit cobayes, il en soumit
trois journellement à l'action des rayons X. Au
bout de six semaines, il observait que les trois
derniers animaux étaient complètement indemnes
de toute maladie, tandis que les cinq autres présentaient un état général mauvais et des ulcéra-
tions tuberculeuses au niveau du point d'inocu-
lation.

C'est de cette expérience peu décisive que l'on
partit pour entreprendre des expériences sur la
tuberculose humaine. MM. Du Castel, Rendu et
Potain traitèrent en ville un jeune homme dont
l'état semblait désespéré. La fièvre tomba brusquement et le malade se rétablit presque miracu-
leusement. A ce moment, personne ne songeait
qu'il pouvait y avoir là simple coïncidence, et
M. Potain fut seul à faire remarquer que la fièvre
avait commencé à diminuer précisément la veille
de l'application des rayons X. Quoi qu'il en soit,
le professeur de la Charité entreprit dans son
service de traiter un tuberculeux peu avancé par
la nouvelle méthode, mais le résultat fut négatif.

D'ailleurs MM. Lannelongue et Achard avaient
institué un certain nombre d'expériences rela-

tives à l'action directe des rayons X sur les microbes. Des radiations puissantes furent dirigées
deux heures par jour, pendant cinq jours, sur des
cultures pures de bactéries, dont la virulence ne
fut même pas atténuée. Mais on objectait que le
laboratoire ne peut prévaloir sur la clinique, que
le cas de Du Castel et Rendu était trop étonnant
pour ne pas ouvrir une voie nouvelle à la thérapeutique. C'est précisément à cause de cet effet
merveilleux qu'on eût dû avoir un peu plus de
méfiance.

Si les rayons n'agissaient pas sur les microbes,
il était donc certain qu'ils modifiaient les tissus.
On fut bientôt assuré de cette dernière hypothèse.
Des troubles dermiques montraient la nocivité
des rayons : enfin quoique M. Rendu ait pu croire
que les dangers auxquels expose la radioscopie
étaient bien minimes et ne devaient pas empêcher
d'y avoir recours, des accidents graves furent
signalés assez à temps pour restreindre le zèle des
thérapeutes.

MM. Séguy et Quénisset ont en effet observé
des troubles cardiaques, des palpitations, une an-
goisse précordiale, et de l'arythomie chez des malades traités par les rayons X.

Or, les perturbations cardiaques ne peuvent
qu'affaiblir un organisme, déjà très affaissé dans
une lutte mortelle.

Cependant, MM. Bergonié et Mongour ont présenté au Congrès international de médecine de
Moscou (août 1897) les résultats qu'ils ont observés sur cinq tuberculeux traités par les nouvelles
radiations.

Dans deux cas de phtisie aiguë, observés chez des malades dont la déchéance organique était accentuée par l'alcoolisme et la misère, l'action des rayons X a été absolument nulle.

Trois cas de tuberculose pulmonaire chronique ont donné les résultats suivants :

Dans un cas, action nulle.

Dans le second cas : amélioration immédiate de l'état général, retour des forces et de l'appétit. L'état local du poumon n'a pas changé.

Dans le troisième cas : amélioration de l'état local et général pendant un mois et demi ; puis, soudainement, recrudescence grave que les auteurs attribuent à des troubles gastriques.

Ces résultats ne sont pas enchanteurs.

C'est donc jusqu'à présent une méthode thérapeutique qu'on n'a guère de raisons de poursuivre, si même on ne doit pas l'abandonner complètement.

Quoi qu'il en soit, l'action certaine des rayons X, mieux dirigée, plus connue, permettra peut-être de modifier l'évolution de quelques maladies. Des résultats favorables furent constatés dans le cancer. Nous allons les rapporter scrupuleusement : quand les investigations sont si peu avancées, c'est par le détail des faits qu'on peut s'en rendre compte et tâcher de les expliquer.

Le D<sup>r</sup> Despeignes, de Lyon, ancien chef des travaux à la Faculté de médecine, a publié l'application des rayons X à l'amélioration d'un cancer dans l'estomac :

« Le malade dont il s'agit est âgé de cinquante-deux ans, il a toujours eu une bonne santé, mais

présenta, en février 1896, des troubles dyspep-
tiques.

« Il y a trois mois environ, apparut au creux épigastrique une tumeur cancéreuse, dont le développement fut très rapide, et qu'aucun traitement ne
parvint à diminuer.

« Au milieu de juin, il y eut du mélœna à diverses
reprises mais pas d'hómatémèse. L'amaigrissement était très prononcé, et la teinte jaune paille
très accentuée. En outre, fréquemment, il y avait
des douleurs intenses nécessitant l'emploi de
narcotiques, et des battements de la tumeur per-
çus par le malade et très pénibles.

« Pour arrêter le développement d'une cachexie
qui me faisait craindre une mort subite à brève
échéance par syncope, je fis, à partir du 2 juillet,
des injections de sérum artificiel (phosphate de
soude, acide phénique, eau distillée) à la dose de
20 centimètres cubes par jour.

« C'est le 4 juillet que je fis, pour la première fois,
l'application des rayons Rœntgen ; à cette date,
la tumeur était énorme, occupant toute la région
épigastrique et bombant à cet endroit comme une
tête de fœtus au huitième mois, descendant jusqu'à un travers de doigt au-dessus de l'ombilic,
envahissant l'hypocondre gauche, empiétant à
droite sur le lobe gauche du foie. Cette tumeur,
douloureuse à la pression même légère, était le
siège de battements artériels parfois très forts,
surtout quand le malade souffrait.

« A cette époque, le malade était très cachexi-
que ; un dénouement fatal était à craindre et avait
été annoncé comme très prochain, non seulement

par moi, mais par deux confrères appelés en consultation.

« A partir du 4 juillet, le traitement a été le suivant : matin et soir, séance d'une demi-heure pendant laquelle on dirigeait sur la tumeur les rayons produits par une ampoule en forme de poire : la bobine employée donnait des étincelles de 5 centimètres et était actionnée par une batterie de 6 piles Radiguet. Comme traitement interne, 45 grammes de vin de Condurango chaque jour. Les injections quotidiennes de 20 centimètres cubes de sérum furent continuées.

« Sous l'influence de ce traitement, les symptômes douloureux s'amendèrent promptement, au point de ne nécessiter l'emploi d'aucun narcotique ; l'état général fut sensiblement amélioré, la teinte jaune paille disparut presque totalement, et l'amaigrissement s'arrêta.

« Enfin, et c'est là le point le plus important obtenu, le volume de la tumeur diminua sensiblement : la voussure épigastrique a diminué notablement ; quant aux limites de la tumeur accusée par la palpitation et la percussion, elles ont reculé sur tout le pourtour de la tumeur de 1 à 4 centimètres. En outre, les battements artériels n'existent presque plus, et pourtant le début de ce traitement ne remonte qu'à huit jours.

« Il serait prématuré de conclure à la guérison, mais les résultats sont très encourageants et permettent un peu d'espoir, là où il n'y en avait plus. Bien entendu, le traitement sera continué, et les résultats ultérieurs seront publiés. »

On ne peut donc encore rien conclure, M. Qué-

nisset de Cannes a traité par les rayons X un can-
céreux dont il réussit à atrophier quelques masses
carcinomateuses. Mais le malade mourut d'une
dernière tumeur si entièrement en rapport avec
le cœur qu'on ne pouvait la soumettre aux rayons
sans déterminer une excitation cardiaque.

Cette méthode contre le cancer serait cependant plus intelligible : les rayons X seraient
capables d'opérer une véritable électrolyse intra-
cellulaire. Peu de praticiens semblent, jusqu'à
présent, s'être engagés dans cette voie thérapeutique.

Enfin, des recherches récentes permettent de
croire que les rayons X pourront être un agent
d'atténuation des bactéries. Quoique nous ayons
constaté déjà l'indifférence des bacilles tuberculeux et que Sabragès et Rivière, Blaize d'Alger
aient reconnu que les rayons de Rœntgen sont
sans effet sur le *microbacillus prodigiosus* et sur
la bactéridie charbonneuse, M. Rieden déduit de
ses expériences que le vibrion cholérique, le
colibacille (certaines fièvres typhoïdes), le staphy-
locoque (abcès, lymphangite, ostéomyélite), le
streptocoque (érysipèle, fièvre puerpérale), le
bacille typhique, sont tués par l'exposition des
cultures aux nouvelles radiations. Si ces expériences sont confirmées, il y aurait là un moyen
d'atténuation facile à utiliser en bactériologie.

# LE MERVEILLEUX PAR LES RAYONS X

Une séance de spiritisme.

Les charlatans eux-mêmes trouvent dans les rayons X de précieux auxiliaires. Il ne sera plus nécessaire pour obtenir la photographie d'une âme en paradis de promener devant un objectif, dans un clair-obscur, une gaze ou un papier léger; il ne sera plus utile de faire brûler, pour photographier le nom céleste de cette âme, un fil de magnésium contourné selon les inflexions des lettres; le merveilleux s'obtient naturellement.

Composons une séance spirite.

Entassez dans un salon noir et soyeux où les tapis étouffent le bruit des pas, où les tentures effleurées produisent ce sifflement agaçant de la soie frottée, un certain nombre de personnes crédules dont la respiration haletante s'accentuera à mesure que vous les étonnerez et ne contribuera pas peu à les effrayer réciproquement.

Disposez des lustres de verre, des appliques en verroterie, des glaces voilées, des porcelaines sur les tables, des vases remplis de fleurs et d'énormes vasques. Dissimulez dans un coin une boîte de carton dans laquelle vous aurez enfermé un tube de Crookes en rapport avec une bobine de Ruhmkorff située dans une pièce voisine.

Laissons maintenant la parole à M. Henri de Parville qui put saisir sur le vif une scène de spiritisme ainsi disposée :

« On éteint les lumières, comme pour une séance de spiritisme. On entend une sorte de crépitement. Puis, brusquement, on voit passer doucement dans l'espace une main gigantesque lumineuse qui monte et descend au-dessus des assistants. Elle les frôle presque, puisqu'on entend un petit cri de terreur. En même temps, courent dans la pièce et dans toutes les directions des violons lumineux, qui dansent au-dessus des têtes.

« Enfin les violons s'en vont muets comme ils étaient venus. Mais une grosse sphère descend du plafond comme une boule de phosphore et oscille à la façon d'un pendule. Une sonnette lumineuse tinte en faisant devant la sphère une révérence continue. On voit le battant en feu s'agiter et frapper la sonnette, pendant que la boule brillante décrit ses courbes capricieuses.

« Tout à coup, aux quatre coins du salon, des glaces ont l'air de s'enflammer ; les vases chargés de fleurs s'illuminent ; les lustres étincellent ; une table chargée de tasses et de verres s'éclaire ; tout est en feu, et la pièce tout entière si sombre s'éclaire de toutes parts de lueurs phosphorescentes d'une tonalité douce et bleuâtre. Dans l'air, passent comme des lucioles ; sur le tapis, on croyait voir partout glisser des vers luisants. Les femmes sont comme piquées au corsage et dans les cheveux de pierres lumineuses. Les diamants lancent des lueurs fantastiques ; les émaux brillent, les cristaux rayonnent comme au clair de lune.

Partout, une lumière délicate qui chasse les té-
nèbres, sans permettre cependant de distinguer
nettement ce qui se passe autour du salon. Une
vraie lumière de château enchanté qui brille et
ne permet pas de voir. Les plus nerveux crient
maintenant à la magie.

Tout retombe dans l'obscurité. Une carafe pleine
d'eau apparaît phosphorescente. Elle est suspen-
due au milieu de la pièce comme un petit ballon ;
l'eau lance des éclairs. Un plateau se dessine
bleuâtre dans un coin, et vient lentement se placer
sous la carafe ; d'un autre coin surgit un verre
brillant, qui s'en va, avec la même lenteur, se
poser sur le plateau. Enfin, une cuillère descend
du plafond. Un sucrier apparaît. On voit distinc-
tement le sucre phosphorescent sortir, morceau
par morceau, du sucrier, et tomber dans le verre.
La carafe s'agite et, comme mue par une force
occulte, se renverse à point pour verser l'eau dans
le verre. A son tour, la cuillère sort de son immobilité et elle se met à tourner vivement dans le
liquide, faisant fondre le sucre. Tout cela avec
une étonnante précision, et sans qu'on puisse
croire qu'un magique fil donne le mouvement à ces
objets inertes. Rien de si singulier que ces corps
dont la phosphorescence tranche sur le noir du
salon, et qui se dressent et se meuvent sous l'in-
flence d'une main invisible.

« Brusquement, tout disparaît. C'est encore l'obscurité profonde. On perçoit un bruit sec. Et, aussitôt, du plafond s'échappe une pluie étincelante
de confetti ; puis des serpentins lumineux se dé-
roulent en volutes courtes ou longues, d'un meuble

à l'autre, enfermant les palmiers et les fougères de l'appartement dans un réseau phosphorescent. La pièce est rayée de rubans lumineux aux teintes blafardes. Une nouvelle pluie d'or, et tout s'éteint comme après un bouquet de feu d'artifice! On applaudit le magicien. Mais les mains s'arrêtent et les cœurs battent.

« Là-bas, dans un coin, devant une portière de velours, tout à coup surgit dans l'ombre une forme humaine, vague d'abord, vaporeuse, à peine dessinée ; l'apparition grandit et s'avance. Ma voisine recule ; elle n'est pas la seule, car on entend un bruit de chaises qui se déplacent.

« Le fantôme fait encore quelques pas et s'arrête. C'est une femme. La taille est élevée; le visage apparaît d'une pâleur verdâtre. Mais quelle physionomie extraordinaire! Les yeux sont absents ; on distingue deux trous noirs sous les paupières. La bouche est close ; les cheveux sont phosphorescents. Un grand voile lumineux entoure cette statue animée et dans ses plis jouent de petits éclairs qui brillent comme des paillettes et des pierres précieuses. Le bras droit se lève lentement en secouant des flammes. Et des doigts écartés jaillissent des rayons de feu qui vont illuminer l'assistance.

« L'apparition muette et sévère attire tous les regards. Elle est là, superbe mais effrayante. Elle montre du doigt le ciel. Un coup de gong qui surprend les spectateurs retentit dans le silence. Puis l'apparition se raidit plus droite que jamais, laisse tomber son et bras, recule doucement. A ce moment, la tête cesse de luire, on n'aperçoit plus

qu'un grand corps sans visage. Le cou s'obscurcit
peu à peu. La taille s'en va en morceaux. On ne
distingue plus que le bas du fantôme enveloppé
dans son grand voile diamanté. Puis les formes
deviennent de plus en plus vagues. Et l'apparition
s'évanouit.

« Les chaises se rapprochent, on entend un sou-
pir de soulagement. Un immense bouquet lumineux se dessine en relief, au milieu du salon, avec
une banderole bleue sur laquelle on lit :
« Rayons X ».

La lumière électrique brille et le salon s'éclaire
magnifiquement. Notre hôte est debout et dit :
« C'est fini », et répète, en souriant à ma voisine
un peu émotionnée : « Pas de spiritisme, pas d'oc-
« cultisme, pas de surnaturel! des rayons X, rien
« que des rayons X ». Et c'était vrai ».

L'expérimentateur avait utilisé le pouvoir
phosphorescent des rayons X. Radiguet a reconnu
que tous les objets en verre, en cristal, brillent dans l'obscurité sous l'influence des rayons X.
Il en est de même pour les bijoux, les diamants,
et surtout les écrans au platinocyanure de baryum,
qui s'éclairent d'une belle lueur vague et verdâtre.

Si l'on tient à la main un verre, une carafe,
on apercevra phosphorescentes toutes les facettes
du verre, et la main restera dans l'ombre. Le verre
et la carafe pourront tourner et évoluer naturellement sans que rien dévoile celui qui les fait
mouvoir pourvu qu'il y mette quelque habileté.

Tout le matériel employé dans l'expérience que
nous venons de relater se composait de boules de

verre, de carafes, de violons en porcelaine, de
vases en porcelaine, de confetti en papier cya-
nuré et platiné, de serpentins fluorescents, de
lucioles, de fleurs de verre, de gants enduits de
platinocyanure... le tout manié par trois compères
habiles en psychologie magique.

Et le fantôme était produit par une figurante
d'abord dissimulée derrière une tenture, et enve-
loppée d'un voile recouvert d'une matière fluorescente, le visage enduit d'une poudre au sulfure de zinc phosphorescent.

Et vous verrez qu'il y aura bientôt quelques
naïfs que l'on affaiblira jusqu'à les mener à Bicê-
tre, et quelques habiles qui s'enrichiront jusqu'à
la cour d'assises.

# APPLICATIONS VARIÉES, FANTAISIES

Les rayons X douaniers. — Moyen de reconnaître les pierres précieuses. — Enregistrement photographique des effluves qui se dégagent des extrémités des doigts et du fond de l'œil. — La phosphorescence des vers luisants. — Les rayons X devant les tribunaux. — L'examen des engins anarchistes. — Les falsifications alimentaires. — Les défauts d'homogénéité des métaux. — Radiographies des fleurs et des fruits.

Une des plus récentes applications des radiations de Rœntgen est leur utilisation, pour la douane, des colis de toutes natures, depuis les valises jusqu'aux malles et aux ballots.

Il n'est plus besoin d'ouvrir ni de fouiller les colis, il suffit d'employer la radioscopie et la lorgnette de M. Séguy que nous avons antérieurement décrite.

On place les objets à observer entre un tube de Crookes et l'écran de la lorgnette de Séguy, de manière qu'il se trouve aussi près que possible de la lorgnette, presque au contact de l'écran, et à une distance de 20 centimètres de l'ampoule. En regardant dans la lorgnette, on aperçoit instantanément l'ombre des objets les plus denses contenus dans le colis observé; mais s'il sera aisément possible de discerner au milieu du linge les cigares et les boîtes métalliques, il est d'autres marchandises taxées qui passeraient inaperçues, si l'on se bornait à l'examen radioscopique. Telles sont, par exemple, des étoffes et des dentelles neuves. Il ne faut donc pas s'exagérer la valeur absolue de ce moyen délicat d'investigation; cependant il est des cas où son utilité est primordiale.

Fig. 19. — Ecrevisse radiographiée.

On a fait des expériences avec des boîtes en bois blanc qui ne semblaient contenir que de la paille et des chiffons ; et sur l'écran fluorescent, on a vu apparaître des objets variés dissimulés dans un double fond. Enfin il sera quelquefois possible d'éviter aux frontières la fouille des voyageurs eux-mêmes. Certaines fraudes seront reconnaissables, mais les douanes n'en subsisteront pas moins.

On constata, dès le début des expériences sur les rayons X, que le carbone dans ses divers états (charbon, diamant, graphite) est très transparent. Le jais, qui est aussi une variété de charbon, que la joaillerie imite souvent, présente le même caractère.

On imite le diamant, dans le commerce, avec des verres lourds, riches en plomb ; d'autres fois on taille en brillants des pierres de valeur moin-

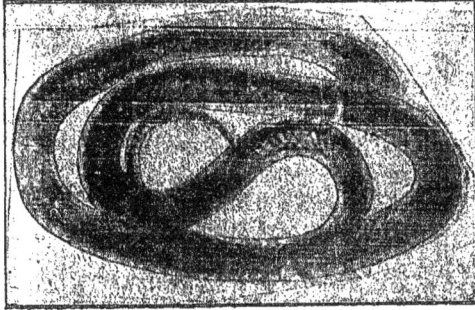

Fig. 20. — Couleuvre radiographiée.

dre : le cristal de roche, le corindon, le grenat décoloré.

Pour différencier le véritable diamant de ses imitations, on étudie son action sur les préparations photographiques et sur les substances fluorescentes, sous l'influence des rayons X.

*Méthode radiographique.* — On dépose la pierre ou simplement l'écrin qui contient une bague, des boucles d'oreilles ou un collier, sur une plaque sensible recouverte de papier noir. Au-dessus, à quelques centimètres, on met en fonctionnement un tube de Crookes. Après avoir développé et fixé, on trouve sur le fond noir de la plaque les silhouettes des corps dont on l'avait recouvert. Les taches produites par l'ombre des diamants vrais et faux sont si manifestement différentes, qu'il est impossible de ne pas les reconnaître de primo abord. Le diamant vrai est si transparent que des poses un peu prolongées font complètement disparaître l'ombre de ses arêtes vives. Au contraire la prolongation de la pose noircit de plus en plus le tracé des diamants faux.

*Méthode radioscopique.* — En observant au radioscope des pierres plates, entre un tube de Crookes et la plaque fluorescente, on simplifie l'opération et les résultats, plus rapides, sont

Fig. 21. — Radiographie de vrais et faux diamants.

donnés avec une égale certitude. Les faux diamants font tache noire sur le fond verdâtre et lumineux, tandis que les vrais diamants sont pour ainsi dire invisibles : l'ombre de leur armature apparaît seule et dénudée.

Il suffit donc d'un simple regard dans le fluoroscope pour juger de l'authenticité d'un diamant.

Les différents verres qui servent à imiter le

Fig. 22. — Ampoule de Crookes contenant des sels phosphorescents

diamant (quartz, corindon) sont moins transparents. Les pierres d'alumine recherchées sous les noms de rubis, émeraude, œil-de-chat, saphir, sont donc légèrement obscures, mais ne portent pas une ombre aussi intense que le verre employé pour les imiter.

D'après A. Buguet et Gascard, il serait possible de distinguer par les rayons X les petites perles fines véritables des fausses. Mais l'opération est beaucoup plus difficile dès qu'il s'agit de perles un peu grosses : la délicatesse de la distinction exige une certaine habitude de l'expérimentateur.

Malgré les lois prohibitives, il arrive fréquemment que des casseroles ou des plats d'étain contiennent une assez forte proportion de plomb pour produire des empoisonnements. Le plomb étant plus opaque que l'étain, l'examen aux rayons X révélera facilement la fraude.

Les défauts d'homogénéité des métaux peuvent également être aperçus au fluoroscope. Ce serait là une application conséquente. Il serait possible de vérifier les traverses de fer, les cadres de bicyclette, tous les objets métalliques qui ont à supporter un poids considérable.

M. Martin a proposé d'examiner les câbles de transmission télégraphique pour reconnaître si ce fil est bien calibré et l'isolant uniformément réparti.

De ce côté, les applications industrielles peuvent être nombreuses et variées : il suffit que la méthode entre un peu dans la pratique pour que les intéressés pensent à s'en servir.

Rapportons avec impartialité une note qui donnera beau jeu aux médecins et magnétiseurs. Sans mettre en doute les expériences elles-mêmes, toutes les interprétations peuvent en être plus ou moins fantaisistes, et nous ne l'indiquons que comme une curiosité.

D'après MM. Luys et David, la fixation, par la photographie, des effluves qui se dégagent, à l'état physiologique, des extrémités des doigts, ainsi que de ceux qui émergent du fond de l'œil, sont susceptibles d'être enregistrés sur une plaque photographique.

Les auteurs ont eu recours à un procédé technique nouveau, déjà signalé l'an dernier, par M. le Dr Gustave Le Bon, et qui consiste dans l'immersion directe des doigts dont il s'agit d'obtenir les effluves, dans un bain d'hydroquinone, appliqués par leur face palmaire sur une plaque de gélatino-bromure d'argent, dans l'obscurité, pendant environ 15 à 20 minutes.

Il va de soi que ces études nouvelles vont donner un corps à une série de phénomènes anciens, connus depuis longtemps sous forme de conceptions subjectives, faute d'avoir reçu une démonstration objective de leur réalité. Le fluide des magnétiseurs, le fluide signalé par Reichembach sous le nom d'Od, la force neurique de Baraduc, vont ainsi, prétend-on, trouver leur certificat de réalité scientifique.

On assure qu'il se dégage normalement du corps humain, d'une façon continue, pendant l'état de veille, un fluide spécial qui semble être une manifestation essentielle de la vie, et qui s'extériorise, ainsi qu'a cherché à le démontrer, dans ces derniers temps, M. le colonel de Rochas, sous le nom d'Extériorisation de la sensibilité.

On pourrait ainsi doser les variations de cette force nerveuse qui se dégage incessamment des extrémités digitales, variable suivant les âges, les sexes, les différentes phases de la journée, et suivant l'état variable des émotions qui viennent mettre en vibration l'être humain. Peut-être cette étude pourrait-elle permettre de trouver un nouveau signe de la mort réelle ?

Attendons toutefois des expériences plus précises, et ne suivons pas trop l'enthousiasme des

11

auteurs, ni les divagations des personnes spirites ou spirituelles.

D'ailleurs, un interne des hôpitaux de Bordeaux vient de faire à la Société de biologie une communication d'où il résulte que la plaque photographique est influencée par la chaleur et les vapeurs sudorales de la main.

Tout le monde sait que certains coléoptères ont la propriété d'émettre pendant la nuit une belle lumière intense et verdâtre. Le ver luisant le plus répandu dans nos jardins est le *lampyre nocti-luque*. Il marche dans les herbes hautes ou se tient tapi sous les feuilles. Dès qu'il entend le moindre bruit, il éteint brusquement sa phosphorescence.

Pour apercevoir la lumière du mâle, il faut y regarder de très près : elle est à peine visible. La femelle, au contraire, émet de belles radiations qui impressionnent l'œil à plusieurs mètres.

Les larves se nourrissent de mollusques terrestres et passent l'hiver engourdies. La nymphe du mâle est immobile tandis que celle de la femelle est agile et phosphorescente.

Les œufs sont également fluorescents. Les adultes apparaissent dans nos jardins à la fin de mai. Enfin, l'animal mort, la fluorescence persiste deux ou trois jours, et on peut l'accentuer en chauffant le corps de l'insecte.

Ces phénomènes de luminiscence sont aussi mystérieux chez les vers luisants que chez les bactéries ou les organismes inférieurs auxquels on attribue la phosphorescence de la mer.

On n'est guère plus avancé quand on a trouvé

que l'appareil photogène occupe les trois derniers anneaux de l'abdomen, et est constitué
par des cellules dont le protoplasma est fluorescent.

M. Muraoka, professeur à l'Université de Tokio,
a tenté récemment des expériences que nous ne
rappellerons pas, parce qu'elles sont peu expli-
cites et assez vagues.

Il en conclut, et nous citons son opinion sous
toutes réserves, que les rayons émis par les vers
luisants se comportent comme de la lumière ordinaire : ils se réfractent, se réfléchissent et se polarisent.

D'autre part, lorsqu'on les fait tomber sur un
corps opaque, ils semblent pouvoir les pénétrer,
et impressionnent ensuite la plaque photographique. Après leur passage à travers un corps opaque, ces rayons peuvent se réfléchir, mais ne se
réfractent, ni ne se polarisent.

Ils participeraient donc à la fois des rayons X
et des radiations ultra-violettes.

Il nous reste à signaler quelques applications
imprévues et intéressantes des rayons X.

Une première histoire nous vient d'Angleterre.
Une dame, en pétrissant la pâte de quelques-uns
de ces gâteaux de famille dont les « mistress »
anglaises ont le secret, perdit sa bague ; mais elle
ne constata cette perte qu'au moment où les gâteaux sortaient du four.

Que faire? Fallait-il sacrifier la fournée? Ou
laisser la famille se régaler du gâteau au risque
de voir la bague étrangler un des convives?

Le gâteau radiographié, il fut possible d'aller

soigneusement retirer la bague sans rien détériorer.

A Marseille, les rayons de Rœntgen furent appelés à fournir une preuve décisive devant le tribunal civil.

Il s'agissait d'une fracture de la clavicule causée par un accident de voiture. Une photographie du thorax obtenue au moyen des rayons X et montrant la consolidation vicieuse de la fracture fut produite par l'avocat, et le tribunal accorda 1500 francs de dommages-intérêts, pour récompenser un peu le plaideur de son ingéniosité, et favoriser le développement des études d'actualité.

MM. Girard et Bordas, qui, seuls dans tout Paris, manient le plus de substances explosibles sans avoir jamais sauté une petite fois, ont voulu assurer une sécurité absolue au Laboratoire municipal chargé, comme on sait, d'ouvrir et de décomposer les engins de Messieurs les anarchistes. L'analyse en est donnée aux journaux, et les anarchistes du monde, sans s'être communiqué leurs expériences, savent par ce moyen l'explosible le plus efficace.

Pour écarter tout danger (beaucoup d'engins faisant explosion lorsqu'on les ouvre), M. Girard examina aux rayons X les boîtes suspectes, et put déterminer facilement leur contenu, et le secret de leur ouverture.

On a dit tout d'abord que les manœuvres des fameux cabinets noirs des différents États européens, qui ont charge, d'après une opinion accréditée, d'exposer à la vapeur d'eau les enveloppes de toutes les lettres, pour en prendre connaissance, allaient être considérablement simplifiées. Hélas! il n'en est rien : l'encre n'arrête pas les rayons X, et les nombreux conspirateurs peuvent exercer leur industrie en toute tranquillité d'âme.

Mais les services postaux pourront utiliser la radioscopie pour déceler les objets dits « échantillons », s'assurer qu'il n'y a pas de fraude, et savoir si l'expéditeur n'y a pas enfermé des matières prohibées.

M. Fernand Rauvez a cherché à dévoiler par les rayons X les falsifications des substances alimentaires par l'addition de minéraux, qui rendent les matières plus opaques.

Les safrans de commerce sont souvent falsifiés par du sulfate de baryum : un échantillon de safran pur ne portait qu'une ombre à peine sensible, tandis que les échantillons falsifiés accusaient des ombres prononcées.

Les produits vinicoles si souvent altérés par le plomb ou la litharge seront aussi facilement examinés aux rayons X.

G. J. Burch (*Gardener's chronicle*) songea à employer les rayons X pour la photographie de boutons à fleurs et de fruits.

Il commença tout d'abord par se rendre compte de la perméabilité aux rayons de plaques de verre diversement colorées. Le verre violet se montra beaucoup plus opaque que les autres : il contenait de l'alumine et du cobalt en outre des éléments ordinaires.

On fit ensuite une expérience avec une fleur de jacinthe de même couleur, et la fleur donna d'autres résultats que le verre coloré : elle était beaucoup plus transparente. Sur la plaque développée, on trouva nettement dessinés les contours des pétales, des nervures et de l'ovaire.

Pour faire de ces radiographies, en quelque sorte schématiques, Burch conseille d'employer des foyers très faibles, ne donnant presque pas le squelette de la main, par exemple. Les tissus aérifères, comme ceux des plantes, sont très transparents aux rayons X : plus les tissus renferment d'eau, et plus ils sont opaques ; les fruits séchés donnent les meilleures radiographies, et l'on distingue facilement les graines, ou les différentes parties internes de la fleur.

# GLOSSAIRE

**Acétate de plomb.** Sel formé par la combinaison de l'acide acétique et du plomb. Sa dissolution est dénommée extrait de Saturne ou eau blanche.

**Acide carbonique.** Formé par la combinaison de deux parties d'oxygène et d'une partie de carbone: c'est un gaz qui se dégage toutes les fois que du charbon brûle en présence de l'air; il se produit dans la respiration des animaux, dans une foule de fermentations. On le trouve dans certaines eaux minérales. L'air en contient toujours des traces : il est détruit, au fur et à mesure de sa production, par la fonction chlorophyllienne des plantes (Voir Chlorophylle;) L'acide carbonique n'est pas toxique par lui-même. Accumulé dans le sang, il n'agit qu'en privant l'organisme d'oxygène.

**Acide chlorhydrique.** Acide très corrosif dont la molécule est formée par la combinaison d'un atome d'hydrogène et d'un atome de chlore.

**Acier.** Carbure de fer, ou mélange de fer et de carbone. Quand après avoir rougi du fer ainsi préparé, on le refroidit brusquement, il devient élastique, dur, cassant, de ductile et de malléable qu'il était: dans cette condition, on l'appelle *acier trempé.*

**Aimant.** On trouve dans la nature une pierre d'aimant, qui est un oxyde de fer, et jouit de la propriété d'attirer les parcelles de fer et de les retenir. Un barreau d'aimant naturel attire avec plus de force à ses deux extrémités, dénommées pôles, qu'au centre. Lorsque, suspendant un aimant par son centre, on l'abandonne à lui-même, il prend toujours une position telle qu'un de ses pôles se tourne vers le Nord : c'est le pôle nord. De là vient le principe de la boussole. Cette orientation est due aux courants terrestres. (Voir Induction électro-magnétique.)

**Aluminium.** Métal blanc, présentant une couleur un peu bleuâtre, sonore comme le cristal, malléable comme l'argent, très léger et très peu oxydable.

**Alun.** Sulfate double d'alumine et de potasse. C'est un sel blanc, cristallisé, d'une saveur amère.

**Aniline.** Produit que l'on retire de l'indigo, et qui jouit de la propriété, sous certaines influences chimiques, de donner les plus jolies teintes de la gamme colorée : très employée en teinture.

**Air.** Fluide gazeux qui forme autour du globe terrestre une enveloppe qu'on désigne sous le nom d'atmosphère. Il est formé d'azote, d'oxygène et d'argon.

**Anode.** Surface par laquelle un courant électrique pénètre dans un corps. Elle répond donc au pôle positif, puisque le courant se dirige du pôle positif au pôle négatif.

**Arc électrique.** Étincelle qui surgit dans la solution de continuité d'un fil en rapport avec une pile ou une bobine de Ruhmkorff. C'est l'arc électrique qui éclaire nos places publiques ; les petites lampes en verre sont basées sur un autre principe, (Voir Incandescence.)

**Argent.** Métal.

**Argon.** Gaz récemment découvert dans l'atmosphère terrestre.

**Arythmie cardiaque.** Irrégularités des battements du cœur.

**Atmosphère terrestre.** On désigne ainsi la couche d'air qui enveloppe la terre. Elle est entraînée dans le mouvement de rotation diurne auquel la terre est soumise. La force centrifuge exerce sur les molécules de l'air une action d'autant plus puissante que celles-ci sont plus éloignées de l'axe. Il en résulte qu'il existe sous l'équateur un renflement considérable, encore accru par la dilatation produite en ce même point par la chaleur. Ainsi la terre étant ronde, l'atmosphère terrestre a la forme d'un ellipsoïde.

Le poids de la colonne d'air fait équilibre à une colonne de mercure de 0,76° de hauteur, l'épaisseur de la couche atmosphérique varierait, suivant les auteurs, entre 43.000 et 70.000 mètres.

**Atome.** Selon l'hypothèse chimique, les corps simples, c'est-à-dire les corps que l'on ne peut arriver à décomposer par les moyens que nous connaissons, sont formés de particules supposées insécables, parce qu'elles sont trop petites. Chaque atome est considéré comme une sphère animée d'un mouvement rapide de rotation et de translation.

**Aurore boréale.** Météore lumineux qui apparaît le plus souvent à la partie nord du ciel, et dont la clarté, resplendissant plus ou moins, a été à tort comparée à celle de l'aurore.

On pense que les aurores boréales sont dues à l'action du fluide magnétique terrestre. Ce serait un phénomène analogue à celui de l'étincelle électrique.

**Bactérie.** Champignons inférieurs unicellulaires auxquels on rapporte la cause des maladies infectieuses.

**Cage thoracique.** Partie du corps délimitée par la colonne vertébrale, les côtes, le sternum et le diaphragme qui la sépare de l'abdomen. Elle renferme le cœur et les poumons.

**Calculs biliaires.** Nom donné à des concrétions calcaires que l'on trouve dans la vésicule biliaire dans certaines affections. L'obstruction des voies biliaires par ces calculs détermine la jaunisse et la colique hépatique.

**Calculs néphrétiques.** Concrétions calcaires que l'on trouve dans le rein et qui déterminent la colique néphrétique.

**Cancer.** Tumeur maligne sur la nature de laquelle on est peu fixé, et qui détermine rapidement la mort. Elle peut siéger dans tous les endroits de l'organisme, être unique ou multiple.

**Carbone.** Métalloïde qui entre dans la composition moléculaire de tous les corps organiques, et que l'on trouve dans la nature à l'état de pureté sous la forme de diamant, de graphite, et toutes les fois que l'on soumet à la calcination, à l'abri de l'air, des matières carbonées animales ou végétales (charbon de bois, noir animal, noir de fumée).

La houille ou charbon de terre, qui résulté de la décomposition lente de végétaux enfouis sous le sol, contient 80 pour 100 de carbone. Le charbon de cornues, employé ou électricité pour former le pôle positif des piles, est un charbon qui se dépose sur les parois des cornues dans lesquelles on chauffe la houille pour préparer le gaz d'éclairage. La houille, après ce traitement, constitue le coke.

**Carbonate de chaux.** Combinaison du calcium et de l'acide carbonique. On le trouve dans la nature à l'état de marbre, de craie, d'albâtre, de spath d'Islande.

**Cartilage.** Tissu de l'organisme intermédiaire entre le tissu conjonctif et le tissu osseux. Les os à l'état embryonnaire présentent l'aspect du cartilage.

**Cathode.** Nom donné au pôle négatif d'une pile.

**Cellule.** Masse microscopique de matière vivante constituée par une gouttelette de protoplasma, c'est-à-dire de substance élémentaire composée de carbone, d'hydrogène, d'oxygène et d'azote, douée du pouvoir de se nourrir et de se diviser pour donner naissance à de nouveaux êtres. Certains êtres, dits monocellulaires, sont constitués par une seule cellule : les bactéries et les amibes. A mesure qu'on progresse dans l'échelle animale, qu'on remonte de ces êtres rudimentaires, les plus simples, jusqu'aux animaux supérieurs, on voit les cellules s'associer, s'organiser, se partager les fonctions. Chez les animaux supérieurs, chaque tissu est composé par un ensemble de cellules qui se sont différenciées des autres, au point de prendre une forme caractéristique : la cellule nerveuse est étoilée, la cellule musculaire est allongée, fusiforme etc. L'étude des tissus et des cellules s'appelle *Histologie*.

**Champ magnétique.** Espace dans lequel s'exerce l'influence d'un aimant. Lorsque l'on recouvre un aimant d'une feuille de papier et que l'on jette sur cette feuille de la limaille de fer, on voit les parcelles de métal se grouper autour des pôles et former de longues files qui s'en éloignent en suivant des courbes géométriques. Cette figure donne une représentation exacte des lignes de force qui définissent le champ magnétique d'un aimant.

**Châssis.** Instrument employé en photographie. C'est un encadrement de bois, fermé par deux plaques mobiles, au milieu desquelles on glisse la plaque sensible. Pour l'impressionner par la lumière, il suffit d'ouvrir au jour un des volets protecteurs.

**Chiasma des nerfs optiques.** Dénomination anatomique de la fusion et de l'entrecroisement des nerfs optiques au niveau de la selle turcique, partie de l'os sphénoïde.

**Chlore.** Gaz que l'on ne trouve pas dans la nature à l'état libre. Il est combiné à d'autres corps, le sodium par exemple (chlorure de sodium).

**Chloroforme.** Dérivé chloré du formène. C'est un corps huileux, d'odeur spéciale, blanc, qui jouit de la propriété, étant très fortement toxique, d'endormir l'individu qui le respire. Il est employé en chirurgie.

**Chlorophylle.** La chlorophylle est un pigment que l'on trouve dans les végétaux verts et plus particulièrement dans les feuilles. C'est à la présence de cette matière que les feuilles doivent leur couleur verte. La chlorophylle absorbe le gaz carbonique rejeté dans l'air par la respiration des êtres vivants et assimile le carbone pour restituer l'oxygène à l'air. La plante ne se procure pas d'une autre façon le carbone nécessaire à la constitution de ses cellules. La fonction chlorophyllienne est une fonction de nutrition, bien différente de la fonction respiratoire qui, elle, absorbe l'oxygène de l'air et abandonne de l'acide carbonique. La chlorophylle ne jouit du pouvoir de décomposer l'acide carbonique que lorsque les feuilles sont exposées à la lumière du jour. C'est pourquoi les forêts sont dangereuses la nuit. La fonction respiratoire des arbres s'exerce abondamment sans que la fonction chlorophyllienne vienne la compenser. De grandes quantités d'acide carbonique sont ainsi répandues dans l'air.

**Cinématographe.** Appareil à projections lumineuses animées, donnant à l'œil du spectateur l'illusion de figures mouvementées et vivantes.

Devant le foyer d'un appareil à projections ordinaire, défilent avec une grande rapidité une série de photographies instantanées qui ont été prises successivement, avec la même vitesse, sur le sujet animé dont on veut reproduire les mouvements. Il se trouve ainsi représenté dans une suite d'attitudes très voisines, et les impressions se mélangeant pour les spectateurs, on s'imagine apercevoir l'agitation réelle et les mouvements mêmes des objets figurés.

La photographie instantanée avait été appliquée depuis longtemps par M. Maset, professeur au Collège de France, à l'étude des mouvements des êtres vivants. MM. Lumière, de Lyon, ont eu l'idée d'utiliser industriellement ses procédés, et de là vint le cinématographe, dont les merveilles, universellement connues, ont suscité le plus vif étonnement dans la foule.

**Circuit.** Ensemble formé par un ou plusieurs corps conducteurs de l'électricité, traversé par un courant électrique.

**Cire.** Substance jaune et molle que les abeilles sécrètent pour construire les gâteaux de leurs ruches.

**Cliché photographique.** Lorsque l'on a soumis une plaque sensible à l'action de la lumière, on obtient, après développement, une figure où sont représentées en noir toutes les parties claires de l'objet à reproduire, et en clair au contraire les parties sombres.

Cette plaque s'appelle le *négatif* ou *cliché* ; lorsqu'on en couvre une feuille de papier sensible et qu'on l'expose à la lumière, les rayons sont arrêtés par les parties sombres, et n'impressionnent pas le papier, tandis qu'ils traversent les endroits clairs et noircissent le papier sous-jacent. La nouvelle figure, inverse du cliché, s'appelle le positif ; elle reproduit exactement l'objet photographié.

**Colibacille.** Bactérie à laquelle on rapporte certaines infections intestinales. Il jouerait un rôle, au moins d'association, dans la fièvre typhoïde.

**Congélation.** Passage de l'état liquide à l'état solide, lorsqu'on détermine ce phénomène en abaissant la température du liquide.

**Craie.** État naturel du carbonate de chaux.

**Creux épigastrique.** Région de la peau située immédiatement à la limite inférieure du sternum.

**Cristallin.** Nom donné à la lentille du globe oculaire.

**Cristallisation.** Passage de certains corps de l'état liquide à l'état solide lorsqu'on détermine ce phénomène par évaporation lente de la solution.

**Culture de microbes.** On cultive les microbes, c'est-à-dire qu'on leur fournit les meilleures conditions de vie, en en mettant quelques-uns dans des milieux nutritifs variés et à des températures moyennes. Dans ces conditions les microbes se développent dans des ballons à la surface des liquides de culture, sous la forme de petites moisissures.

**Densité.** Poids d'un corps.

**Diagnostic.** Raisonnements et signes qui permettent de reconnaître la nature d'une maladie.

**Diamant.** Pierre précieuse qui est du carbone pur.

**Diaphragme.** Muscle qui sépare la cage thoracique de l'abdomen, et dont les mouvements d'abaissement et d'élévation déterminent l'ampliation du poumon et l'appel de l'air au contact du sang.

**Diathèse.** Disposition générale de l'organisme pour telle ou telle maladie.

**Eau.** Corps liquide à la température ordinaire, composé de deux parties d'oxygène et d'une partie d'hydrogène.

**Écran.** Plaque non transparente destinée à arrêter la lumière, ou non conductrice et destinée alors à isoler de l'influence électrique.

**Électricité.** Force naturelle dont les manifestations sont multiples et universellement utilisées, mais dont la nature intime est jusqu'à présent restée mystérieuse.

L'étude de l'électricité est l'une des divisions principales de la physique. Elle se partage elle-même en trois chapitres : électricité statique, magnétisme et électricité dynamique.

Les phénomènes d'électricité statique ont été les premiers observés. On remarqua que le frottement développe dans certains corps une propriété attractive ; le verre, la résine, le caoutchouc durci sont dans ce cas. Bientôt, pour pouvoir mieux expliquer les détails de ce fait, on admit l'existence de deux fluides, l'un positif et l'autre négatif, doués d'une tendance réciproque à s'unir en se neutralisant. Deux corps chargés d'électricités de nom contraire s'attirent ; de même nom, se repoussent. Lorsque la tension des fluides séparés par un corps mauvais conducteur aug-

mente, souvent la résistance est vaincue, et la décharge
qui neutralise ce déséquilibre électrique se traduit par
l'étincelle. La foudre n'est que l'étincelle géante par laquelle se déchargent des nuages chargés de fluide.

Dans le chapitre du magnétisme sont étudiées les propriétés des aimants ; les premiers aimants connus étaient
les « pierres d'aimant », corps constitués en majeure partie
de fer, et qui jouissaient de la curieuse propriété d'attirer
ce métal. On connut bientôt le moyen d'obtenir, par contact et frottement, des aimants artificiels, en acier, jouissant des mêmes propriétés que l'aimant naturel. On découvrit qu'il existait deux magnétismes, de même qu'il
existe deux électricités, qu'un aimant possède deux pôles
où son action est le plus énergique ; qu'abandonné en
équilibre à lui-même, un tel corps prend invariablement
une direction qui est à peu près celle du nord au sud.
On s'aperçut alors que lorsque l'on met deux aimants en
présence, les pôles qui tendent à se diriger d'un même
côté, soit vers le nord, soit vers le sud, se repoussent,
tandis que les pôles de valeur contraire s'attirent. Ces
analogies firent rapprocher les phénomènes du magnétisme
de ceux de l'électricité statique. L'étude de l'électricité
dynamique devait accentuer ce rapprochement.

Cette étude date de l'invention de la pile. Si l'on met
dans un liquide acidulé deux plaques de métaux différents, dont l'un est attaqué par ce liquide tandis que l'autre reste intact, et que l'on réunit par un fil métallique
les deux plaques, on s'aperçoit qu'un courant parcourt ce
fil d'une manière continue, et que si, par exemple, l'on
interrompt ce circuit en un point quelconque, il s'y produit une étincelle, non plus momentanée comme dans les
phénomènes de l'électricité statique, mais permanente. On
en conclut que l'un des métaux est électrisé positivement
et l'autre négativement, et qu'une décharge continuelle, ou
courant, passe de l'un à l'autre.

L'examen des propriétés des courants a définitivement
rattaché l'étude du magnétisme à celle de l'électricité. Le
voisinage d'un courant suffit à dévier l'aiguille aimantée ;
et, d'autre part, lorsque l'on fait passer un courant en spi-
rale autour d'un morceau de fer ou d'acier, il s'aimante
immédiatement.

L'observation des phénomènes de l'induction (v. ce mot) a étendu beaucoup le champ des recherches et l'on est porté à attribuer à l'électricité le rôle de beaucoup le plus considérable parmi les agents naturels. Une théorie récente, et dans le détail de laquelle il est impossible d'entrer, fait même de la lumière et de la chaleur des phénomènes d'induction électrique.

**Électrolyse.** On appelle ainsi le phénomène de la décomposition chimique d'un corps composé, sous l'influence d'un courant électrique.

Lorsque l'on fait passer un courant dans de l'eau légèrement acidulée, les éléments constitutifs de ce corps se séparent; l'oxygène se rend au pôle positif et l'hydrogène au pôle négatif. De même les oxydes métalliques sont décomposés sous l'action de l'électricité ; le métal se dépose sur le pôle négatif ou cathode, et le radical de l'acide se porte au pôle positif ou anode. Cette propriété est utilisée dans la galvanoplastie.

**Électrolyte.** Nom donné au corps soumis à l'action de l'électrolyse ou capable d'être décomposé par un courant.

**Électrode.** Extrémités d'un conducteur électrique par lesquelles un courant pénètre dans un corps ou en sort.

**Endosmose .** (Voir Osmose.)

**Emeraude.** Pierre précieuse, diaphane, verte, composée par un double silicate coloré par de l'oxyde de chrome.

**Epure.** Dessin géométrique et achevé (par opposition à croquis) destiné à représenter rigoureusement le détail d'un corps, d'un édifice, d'une machine, etc.

**Etain.** Métal blanc, mou, très malléable, inoxydable à l'air.

**Etat radiant.** Quatrième état de la matière, découvert et étudié par le physicien anglais Crookes.

Lorsque l'on raréfie un gaz contenu dans une ampoule et qu'on pousse cette raréfaction jusqu'aux plus extrêmes limites du vide qu'il est possible d'obtenir avec les instruments actuels, sans naturellement pouvoir jamais réaliser le vide absolu, la matière infiniment ténue qui reste dans l'ampoule après l'opération, est dite à l'*état radiant*.

Elle jouit dans ces conditions de propriétés curieuses et jusqu'à présent peu expliquées.

**Ether.** Milieu hypothétique, nécessaire à la conception phy-

sique du Monde, sur la nature duquel on ne sera jamais
fixé. On suppose que l'espace qui sépare les atomes est
rempli par une matière infiniment élastique, sans poids
et sans forme : elle sert à transmettre l'énergie vibratoire. C'est cette matière qu'on dénomme éther.

**Exosmose.** (Voir Osmose.)

**Fil induit.** (Voir Induction.)
**Fil inducteur.** (Voir Induction).
**Fluor.** Le fluor est un gaz jaune verdâtre, qu'on rencontre
dans la nature à l'état de fluorure de calcium.
**Fluorescence.** Changement qui se produit dans la lumière
des rayons réfléchis par certaines substances.
**Fusion.** Passage d'un corps solide à l'état liquide par la
chaleur. Le point de fusion d'un même corps se fait toujours à la même température.

**Induction.** On appelle phénomènes d'induction les phénomènes électriques développés dans un corps ou un circuit
par le voisinage d'un autre corps électrisé ou d'un courant.

1° En électricité statique : lorsque l'on approche un
conducteur d'un corps chargé d'électricité, on s'aperçoit
que ce conducteur s'électrise immédiatement : la partie la
plus rapprochée se charge d'électricité de nom contraire à
celle du corps qui l'influence, et l'autre extrémité se charge
d'électricité de même nom.

2° En électricité dynamique : lorsque, dans le voisinage
d'un circuit fermé, dit circuit induit, s'établit un courant,
dit courant inducteur, ce circuit est traversé lui-même
par un courant de sens contraire. Lorsque le courant
inducteur cesse, il se développe dans le circuit induit un
nouveau courant, de même sens que l'inducteur. Les courants du circuit induit sont instantanés et ne durent pas.

Le rapprochement ou l'éloignement d'un aimant développent dans un fil les mêmes phénomènes d'induction
qu'un courant inducteur.

C'est sur ces propriétés que sont fondés les principes des
machines d'induction (machine de Clarke, machine de
Gramme), et de la bobine de Ruhmkorff.

**Interférences.** Quand deux mouvement vibratoires s'exercent le long d'un même axe, soit en sens contraire, soit dans le même sens, mais avec des longueurs d'onde différentes, chaque molécule, sollicitée par les deux mouvements, tend à les exécuter en même temps, et ces influences s'ajoutent ou se contrarient : il peut donc arriver qu'en certains points, les deux mouvements se neutralisent et qu'une molécule reste immobile. Ainsi deux sons très voisins, en se mélangeant, peuvent produire des silences (phénomène des battements) ; deux lumières, en se rencontrant, peuvent produire de l'obscurité (expérience de Fresnel).

**Ion.** Lorsqu'un corps est soumis à l'électrolyse (voir ce mot), on donne le nom d'ion aux molécules dissociées par le courant. Faraday, qui a inventé ce terme, appelait anion la molécule qui se dirige vers le pôle positif, et cation celle qui se dirige vers le pôle négatif.

**Ivoire.** Substance osseuse qui constitue les dents de certains animaux. L'ivoire commercial provient des défenses d'éléphant.

**Laiton.** Alliage de cuivre jaune et de zinc, plus dur que le cuivre et plus malléable que le zinc.

**Larve.** Premier état de l'insecte après sa sortie de l'œuf. La larve se transforme en une chrysalide qui donne naissance au papillon.

**Lentille.** Verre taillé en forme de lentille. Ce terme s'appliquait d'abord à tout verre taillé de telle manière que les rayons lumineux, après l'avoir traversé, convergeaient en un point : ainsi sa surface était convexe. Dans la suite, on a désigné du même nom des verres à surface concave, qui font diverger les rayons lumineux.

**Longueur d'onde.** (Voir Mouvement vibratoire.)

**Melœna.** Nom donné aux évacuations sanguines.

**Médiastin.** Cloison membraneuse qui divise la cage thoracique en deux parties, l'une droite, l'autre gauche.

**Mercure.** Le mercure est un métal liquide à la température ordinaire, solide à — 40° et bouillant à 357°.

**Métalloïdes.** Parmi les 80 corps simples que l'on connaît, il en est 16 qui jouissent de propriétés communes : ils n'ont

pas l'aspect métallique et forment par combinaison des
corps appelés acides : on les nomme des métalloïdes

**Métaux.** Les autres corps simples présentent un aspect spécial métallique, sont malléables au marteau, et ductiles à
la filière. Bons conducteurs de la chaleur et de l'électricité,
ils sont employés pour faire des chaudières et des fils télé-
graphiques. Ils se combinent avec l'oxygène pour former
des oxydes. Cette distinction de corps en métaux et métalloïdes est purement arbitraire et ne répond à aucune réalité absolue: il faut nécessairement classer les connaissan-
ces humaines pour les enseigner. Ces classifications n'ont
pas d'autre valeur.

**Microbes.** (Voir Bactéries.)

**Milieux de l'œil.** L'œil est un organe dont la finalité est
de faire parvenir au contact des bâtonnets nerveux de la
rétine les impressions lumineuses. Il est donc accommodé
de telle manière que la rétine qui mesure quelques millimètres puisse embrasser un champ spatial beaucoup plus
grand. Les rayons lumineux convergent vers la rétine
grâce à une lentille biconvexe, appellée *cristallin*. En
avant et en arrière du cristallin, le globe oculaire est rempli par une sérosité très transparente, permettant le passage
des rayons et dénommée humeur vitrée et humeur
aqueuse. Ces milieux de l'œil sont constitués par l'humeur
vitrée, l'humeur aqueuse, et l'humeur cristalline.

**Mouvement vibratoire.** Supposons une série d'éléments
matériels disposés en chapelet dans une direction déterminée; ces éléments ne sont ni complètement indépendants les
uns des autres, ni indissolublement et rigidement unis
entre eux (comme dans une barre de métal, par exemple) :
dans ces conditions supposons que l'on imprime un mouvement quelconque au premier de ces éléments : le second
sera influencé par ce mouvement, et l'exécutera à son tour,
mais avec un léger retard sur le premier; de même le
second élément influencera le troisième, le troisième le quatrième et ainsi de suite, toujours avec le même retard.
Il arrivera donc, d'une part, que tous les éléments de la
série matérielle considérée exécuteront le mouvement im-
primé au premier, et, d'autre part, que, les retards s'ad-
ditionnant, on pourra toujours trouver le long de ce cha-

pelet un élément se trouvant dans une position déterminée, quelle que soit d'ailleurs celle où se trouve le premier. Ainsi, lorsqu'on envisage toute la série, on y trouve, dans un même instant de la durée, réalisés côte à côte sur une certaine longueur, la succession complète de tous les états qu'un même élément prend tour à tour en exécutant individuellement son mouvement.

La longueur sur laquelle se trouvent ainsi reproduites toutes les situations possibles des éléments, et qui est limitée par deux d'entre eux se trouvant également dans la même position, s'appelle la *longueur d'onde*.

On appelle *vitesse* du mouvement vibratoire la distance qui sépare l'élément mis en mouvement le premier et celui qui ne commence à s'agiter qu'une seconde après.

Le mouvement vibratoire peut donc être considéré aussi comme le mouvement d'un mouvement, qui se propage par influences successives dans un sens quelconque.

Ce mode de mouvement est très répandu dans la nature. On en voit des exemples dans la propagation des rides à la surface de l'eau, dans la transmission des balancements imprimés à une corde assez longue, dans la marche des animaux inférieurs (vers, myriapodes); le son, la chaleur, la lumière, sont des mouvements vibratoires.

**Molécules.** La molécule est un édifice d'atomes. Deux ou plusieurs atomes de corps simple qui s'unissent pour former un corps composé constituent une molécule.

**Narcotiques.** Substances médicamenteuses qui agissent sur le système nerveux et provoquent le sommeil: l'opium en est le type.

**Nébuleuse terrestre.** Laplace a supposé que la matière qui constitue aujourd'hui notre système planétaire n'était pas, au début, agrégée en un certain nombre de mondes distincts. Elle formait une masse désagrégée évoluant dans l'espace à la manière de fines gouttelettes d'huile tournant dans une bouteille d'eau très secouée. Par ralentissement et par refroidissement, ces gouttelettes se réunissent jusqu'à former un certain nombre de masses indivises. Ainsi se sont constitués la terre et les mondes qui gravitent dans l'orbe céleste.

**Nodosités d'Heberden.** Nom donné aux déformations osseuses des doigts chez les sujets rhumatisants.

**Nymphe.** Etat intermédiaire de l'insecte quand il a cessé d'être larve et qu'il n'est pas encore insecte parfait.

**Œil-de-chat.** Nom vulgaire du corindon nacré. C'est une pierre précieuse d'un aspect gris verdâtre spécial.

**Or.** Corps simple, métal précieux parce qu'il est assez rare et qu'il s'oxyde difficilement à l'air.

**Orbite.** Cavité hémisphérique osseuse qui renferme le globe de l'œil.

**Os.** Tissu solide qui forme la charpente des animaux vertébrés.

**Osmose.** Phénomène qui se produit lorsque deux liquides sont séparés par une cloison poreuse ou une membrane animale, et qui consiste en ce qu'il s'opère un mélange des deux liquides. Si nous partageons un vase en deux compartiments par une cloison poreuse et que nous mettions à droite de l'eau sucrée, à gauche de l'eau pure, nous verrons au bout de quelque temps que le niveau du liquide, qui, au début, était le même dans l'un et l'autre compartiment, se sera modifié: il sera abaissé à gauche, et élevé à droite. De l'eau pure a donc filtré à travers la membrane poreuse vers le réservoir d'eau sucrée. Cependant, en goûtant l'eau pure du réservoir de gauche, nous nous apercevrons qu'elle est sucrée. En même temps que l'eau pure pénétrait l'eau sucrée, l'eau sucrée pénétrait donc aussi l'eau pure, mais avec une force bien moindre puisque la quantité d'eau sucrée a augmenté tandis que la quantité d'eau pure a diminué.

On appelle *endosmose* le transport du liquide qui passe le plus rapidement et *exosmose* le transport du liquide qui passe le moins rapidement.

L'*osmomètre* est l'appareil que nous avons décrit.

**Ostéite.** Inflammation des os.

**Oxigène.** Corps simple gazeux, découvert par Lavoisier dans l'air atmosphérique, cause générale de la combustion, et par conséquent de la respiration qui est une combustion des tissus de l'organisme. Il forme le cinquième en volume de l'air atmosphère.

**Palpitation.** Précipitation des battements du cœur perçue par le malade.

**Paraffine.** Mélange d'hydrocarbures solides et transparents qui restent comme résidu lorsqu'on distille le pétrole ou les huiles.

**Percussion.** Méthode d'investigation médicale qui consiste à frapper avec un marteau léger ou le doigt sur le thorax pour se rendre compte du son émis. Suivant la résonnance ou la matité, on peut penser que le tissu pulmonaire, normalement sonore, est normal ou au contraire ne contient pas d'air.

**Périostite.** Inflammation de l'enveloppe des os du périoste.

**Perle.** Concrétion brillante, dure, arrondie, qui se forme dans certains coquillages, par extravasation de la nacre.

**Permanganate de potasse.** Combinaison d'acide manganique et de potassium qui se présente sous la forme de cristaux presque noirs. En solution, il est rouge violacé.

**Pétrole.** Carbure d'hydrogène. Huile combustible que l'on obtient par distillation de la houille, et que l'on trouve dans la nature, à l'état libre.

**Pharynx.** Cavité formant l'arrière-bouche et la partie supérieure de l'œsophage.

**Phosphate de chaux.** Sel produit par la combinaison de l'acide phosphorique et de la chaux. Il entre dans la constitution des os.

**Phosphore.** — Corps simple, lumineux dans l'obscurité.

**Phosphorescence.** Propriété que possèdent certains corps de dégager de la lumière dans l'obscurité, sans chaleur ni combustion sensibles. Cette propriété n'est pas spéciale au phosphore. Le terme qui la signifie dérive de ce corps simple parce qu'il est le premier sur lequel on l'ait observé. Certains animaux sont phosphorescents : le ver luisant et certaines bactéries dont l'accumulation provoque la phosphorescence de la mer.

**Photomètre.** Appareil destiné à mesurer l'intensité d'une source lumineuse. Il se compose essentiellement d'un papier huilé que l'on éclaire par moitié et en arrière au moyen d'une lampe à huile à débit constant dont l'intensité est prise comme terme de comparaison. Derrière l'autre moitié du papier et sur une ligne perpendiculaire à ce papier on éloigne ou on approche la source lumineuse dont on se propose d'évaluer l'intensité, et qui est séparée de la lampe primitive par une cloison. Suivant que cette source de lumière est en avant ou en arrière de la lampe fixe, son pouvoir éclairant est moins ou plus grand que celui de cette lampe. Cet appareil est très approximatif.

**Phtisie.** Maladie caractérisée par la culture dans le poumon de bactéries spéciales qui déterminent des abcès, font disparaître le tissu pulmonaire, et empoisonnent le malade.

**Pile.** Instrument de physique destiné à produire de l'électricité. Il est basé sur ce fait que certains sels au contact d'un métal se décomposent en produisant de l'électricité.

**Plaque sensible.** Plaque de verre sur laquelle est étendue une couche de gélatino-bromure d'argent qui se décompose par la lumière (Voir Cliché.)

**Plaque voilée.** Plaque sensible qui a été exposée à la lumière diffuse.

**Platine.** Métal précieux, blanc, encore moins oxydable que l'or.

**Platinocyanure de baryum.** Cristal vert, fluorescent sous l'influence des rayons X.

**Pleurésie.** Inflammation de la plèvre qui se caractérise anatomiquement par un épanchement plus ou moins abondant de liquide dans la cavité pleurale, et par un épaississement des deux feuillets de la plèvre.

**Plomb.** Métal commun, très facilement oxydable et très mou.

**Polarisation.** L'hypothèse la plus généralement admise sur la nature intime de la lumière suppose que ce phénomène est produit par un mouvement vibratoire des molécules de l'éther, mouvement très rapide et propagé avec une grande vitesse dans une direction rectiligne.

Mais, le long de l'axe d'un même rayon lumineux se transmet, non pas un seul mouvement vibratoire, mais des quantités innombrables de mouvements, différents par leur longueur d'onde, et une même molécule, sollicitée en tous sens par cette infinité de mouvements, décrit, non pas une simple oscillation, mais en réalité une courbe très compliquée.

Dès lors, supposons qu'en un point quelconque de sa

marche, un rayon lumineux pénètre dans un corps où la constitution de l'éther serait telle que les molécules ne pourraient plus se mouvoir que dans un seul plan; toutes les forces qui sollicitaient la molécule dans toutes les directions seront annulées, sauf une, et le rayon lumineux continuera à se propager, mais complètement simplifié, car les molécules ne vibreront plus que dans un seul plan, de part et d'autre de l'axe du rayon, et non dans tous les plans autour de cet axe.

Un tel rayon est dit *polarisé*.

On obtient dans les expériences de l'optique physique la lumière polarisée en faisant tomber un rayon sur un cristal jouissant de la propriété de la biréfringence (spath d'Islande ou tourmaline). En traversant ce cristal, le rayon est divisé en deux rayons, polarisés tous deux, mais dans des plans différents. Lorsqu'un rayon polarisé tombe de nouveau sur un spath d'Islande, il est ordinairement *éteint*, c'est-à-dire qu'il ne peut plus traverser le corps. En effet, ne vibrant que dans un seul plan, et devant pénétrer une substance qui ne permet la vibration lumineuse que dans un plan déterminé, il faudrait, pour qu'il pût la traverser, que les deux plans coïncidassent exactement.

On peut également polariser la lumière par réflexion, en la faisant tomber avec une incidence convenable sur un miroir.

En résumé, un rayon de lumière polarisé est un rayon simple. Mais si ce rayon est de lumière blanche, il est encore composé d'une infinité de mouvements élémentaires de couleurs différentes. On n'obtiendrait un mouvement lumineux unique qu'en polarisant un rayon de lumière rouge, par exemple, au sortir d'un prisme.

**Poumon.** Viscère contenu dans la cage thoracique et au niveau duquel le sang vient prendre l'oxygène de l'air pour se débarrasser de son acide carbonique.

**Pression atmosphérique.** Pression exercée à la surface des corps par la colonne d'air atmosphérique. (Voir Atmosphère.)

**Prolifération cellulaire.** Production de tissus nouveaux par le fait de la division des cellules. (Voir Cellule.)

**Quartz.** — Cristal de silice pure.

**Réflexion.** Changement de direction que subit la lumière lorsqu'elle est arrêtée et renvoyée par une surface polie.

**Réfraction.** Changement de direction que subit la lumière en passant d'un milieu dans un autre.

**Rétine.** Surface sensible du fond de l'œil, constituée par les terminaisons nerveuses du nerf optique (bâtonnets) et sur laquelle les images des objets viennent se peindre après qu'elles ont été réfractées à travers la cornée, le cristallin et les humeurs de l'œil.

**Rhéostat.** Appareil au moyen duquel on varie l'intensité d'un courant électrique.

**Rubis.** Pierre précieuse, transparente, couleur de sang.

**Schéma.** Figure symbolique et simplifiée, destinée non à représenter le détail et la réalité d'un objet, mais à en faire saisir d'un seul coup d'œil l'ensemble abstrait et l'enchaînement des parties essentielles. Les schémas sont d'une grande utilité pour donner plus de netteté et de précision à une analyse théorique ou à une description scientifique.

**Sel gemme.** État naturel du chlorure de sodium que l'on trouve en grande quantité dans les terrains jurassiques et crayeux. (Voir Chlorure de sodium.)

**Sels métalliques.** On donnait autrefois le nom de sels aux corps cristallisables qui présentaient quelque ressemblance avec le sel marin ou chlorure de sodium. Aujourd'hui on définit les sels en disant que ce sont des corps qui résultent de la combinaison d'un acide et d'un métal.

Ces sels sont décomposés par le courant électrique : le métal est mis en liberté au pôle négatif et le radical acide se porte au pôle positif. (Voir Électrolyse.)

**Sélénium.** Métalloïde solide, d'un brun rouge que l'on extrait des minerais sélénifères.

**Selle turcique.** Enfoncement de la partie supérieure de l'os du sphénoïde, qui fait partie de la base du crâne.

**Silhouette.** Dessin d'une teinte uniforme, dont le bord se détache à la manière d'une ombre. Ce mot, passé dans la langue, était le nom d'un contrôleur des finances de Louis XV, qui, par ses opérations malheureuses, fut l'objet des railleries des Parisiens. On en arriva à désigner ainsi tout ce qui est imparfait et délabré.

**Silicate d'alumine et de lithine.** Sel double formé par la combinaison de l'acide silicique avec l'aluminium et le lithium. Les silicates d'alumine constituent l'argile et le kaolin.

**Solidification.** Passage d'un corps de l'état liquide à l'état solide. La solidification est toujours le résultat d'un refroidissement : il n'y a pas d'autre moyen, pour solidifier un corps, que de le refroidir ; de même que, pour le faire fondre, il faut lui donner de la chaleur, le chauffer.

La solidification, pour un même corps, s'opère toujours à la même température. L'eau se solidifie à 0°.

**Soufre.** Le soufre est un corps simple qui existe, à l'état natif, dans certains terrains volcaniques, principalement en Sicile. Il est très répandu dans la nature, en combinaison avec les métaux, à l'état de sulfure.

**Spath d'Islande.** Cristal de nature calcaire, transparent, qui jouit de la propriété dite « biréfringence ». Lorsqu'un rayon lumineux tombe sur ce corps, il est décomposé en deux rayons réfractés qui suivent des directions différentes : l'un est dit rayon *ordinaire*, et l'autre rayon *extraordinaire*. Ces rayons sont polarisés (voir ce mot).

Il en résulte que si l'on regarde un corps quelconque à travers un spath, on le voit double.

**Staphylocoques.** Microbes ayant la forme de chapelets, de chaînettes, et qui sont les agents des suppurations cutanées (furoncles, anthrax, phlegmons) et de l'inflammation des os.

**Streptocoques.** Microbes qui sont les agents de certaines angines associées à la diphtérie, de l'érysipèle et de l'infection puerpérale.

**Sulfate de quinine.** Sel formé par l'union de l'acide sulfurique et du principe actif de l'écorce de quinquina. C'est un corps blanc, de saveur amère, dichroïque en solution, très employé en médecine pour lutter contre les fièvres et en particulier contre les fièvres intermittentes.

**Sulfure de carbone.** Liquide incolore, d'une odeur pénétrante, formé par la combinaison du carbone avec l'acide sulfhydrique. Il dissout le caoutchouc, les graisses et le phosphore.

**Tellure.** Métalloïde.

**Thorax.** (Voir Cage thoracique.)

**Tissu.** (Voir Cellule.)

**Tourmaline.** — La tourmaline est un silicate de chaux, magnésie, etc., contenant de l'acide borique et un peu de fluor. Elle est tantôt incolore, tantôt plus ou moins teintée de rouge, vert, violet, jusqu'au noir. Dans certains cas, elle présente deux couleurs. Elle est opaque ou transparente. Ce cristal jouit de la propriété de la biréfringence comme le spath (voir ce mot). Mais il doit à sa coloration de pouvoir, dans certains cas, éteindre le rayon ordinaire.

**Tuberculose.** Maladie générale causée par une bactérie décrite par Koch : elle affecte les formes pulmonaire (phtisie), articulaire (tumeur blanche, coxalgie), vertébrale (mal de Pott), cutanée (lupus).

**Urates.** Substances organiques formées par la combinaison du potassium ou du sodium avec l'acide urique. Ils existent dans l'urine et entrent dans la constitution des calculs.

**Vaporisation.** On donne ce nom au phénomène de la transformation d'un liquide ou d'un solide en gaz ou vapeur, sous l'influence de la chaleur. L'intensité de la vaporisation dépend de la température où est le corps, de la pression qui s'exerce sur lui et de la saturation de l'atmosphère où se répand sa vapeur.

Pour tout corps, il existe une température déterminée au-dessous de laquelle il n'émet pas de vapeur, et au-dessus de laquelle il ne peut exister qu'à l'état de vapeur, quelle que soit d'ailleurs la pression. Cette dernière température s'appelle le *point critique.*

**Verre.** Corps solide, transparent, que l'on obtient en soumettant à la fusion un sable siliceux mêlé de potasse ou de soude.

**Verre d'urane.** Qualité spéciale de verre de couleur jaune verdâtre, dans la composition duquel entre l'oxyde d'urane.

**Vibrion cholérique.** Bacille en forme de virgule auquel on attribue la cause du choléra.

**Vide.** Le vide serait un espace complètement dénué de

toute matière, dans quelque état qu'elle puisse se trouver.
Les philosophes atomistes estiment que les corps sont formés par des corpuscules séparés les uns des autres et dissé-
minés au sein du vide de l'étendue. L'existence du vide
dans l'univers a été souvent contestée. Quelle que soit
d'ailleurs la théorie adoptée, cette question ressort plutôt
du domaine de la philosophie que de celui de la physique.
Dans la science, on est naturellement conduit à supposer
l'existence du vide en présence de la propriété qu'ont les
corps de se dilater et de se comprimer, ce qui ne pourrait
être s'ils étaient absolument pleins, sans interstices entre
leurs éléments.

On appelle aussi *vide*, en physique, l'état de raréfaction
d'un gaz soumis à l'action d'une machine pneumatique. Ce
vide n'est jamais absolu.

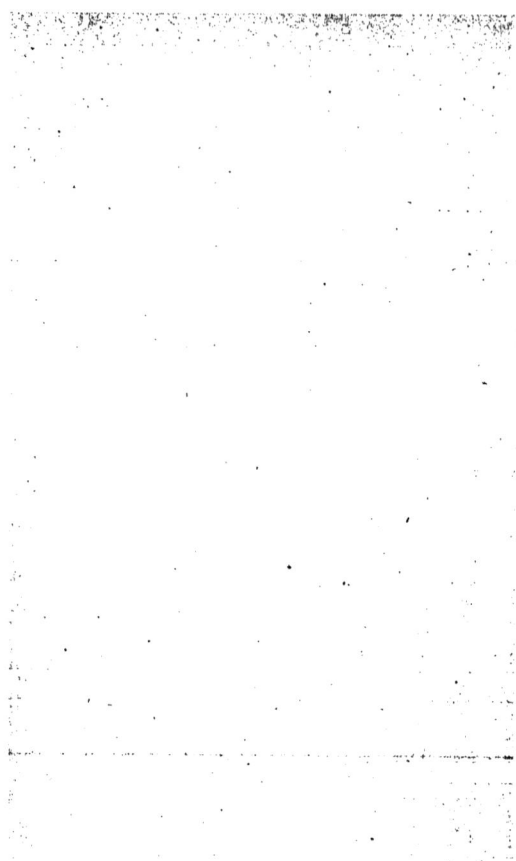

# TABLE DES MATIÈRES

## INTRODUCTION

## LA LUMIÈRE

## LES DÉCHARGES ÉLECTRIQUES

### DANS LE VIDE.

PARIS. — IMP. P. MOUILLOT, 13, QUAI VOLTAIRE. — 82819.

www.ingramcontent.com/pod-product-compliance
Lightning Source LLC
Chambersburg PA
CBHW031325210326
41519CB00048B/3198